Zoheir Tir

Nouvelle Approche de Commande PID

Zoheir Tir

Nouvelle Approche de Commande PID

Application sur un Système Éolien à Base d'une Machine Asynchrone à Double Alimentation sans Balais (BDFM)

Presses Académiques Francophones

Impressum / Mentions légales
Bibliografische Information der Deutschen Nationalbibliothek: Die Deutsche Nationalbibliothek verzeichnet diese Publikation in der Deutschen Nationalbibliografie; detaillierte bibliografische Daten sind im Internet über http://dnb.d-nb.de abrufbar.
Alle in diesem Buch genannten Marken und Produktnamen unterliegen warenzeichen-, marken- oder patentrechtlichem Schutz bzw. sind Warenzeichen oder eingetragene Warenzeichen der jeweiligen Inhaber. Die Wiedergabe von Marken, Produktnamen, Gebrauchsnamen, Handelsnamen, Warenbezeichnungen u.s.w. in diesem Werk berechtigt auch ohne besondere Kennzeichnung nicht zu der Annahme, dass solche Namen im Sinne der Warenzeichen- und Markenschutzgesetzgebung als frei zu betrachten wären und daher von jedermann benutzt werden dürften.

Information bibliographique publiée par la Deutsche Nationalbibliothek: La Deutsche Nationalbibliothek inscrit cette publication à la Deutsche Nationalbibliografie; des données bibliographiques détaillées sont disponibles sur internet à l'adresse http://dnb.d-nb.de.
Toutes marques et noms de produits mentionnés dans ce livre demeurent sous la protection des marques, des marques déposées et des brevets, et sont des marques ou des marques déposées de leurs détenteurs respectifs. L'utilisation des marques, noms de produits, noms communs, noms commerciaux, descriptions de produits, etc, même sans qu'ils soient mentionnés de façon particulière dans ce livre ne signifie en aucune façon que ces noms peuvent être utilisés sans restriction à l'égard de la législation pour la protection des marques et des marques déposées et pourraient donc être utilisés par quiconque.

Coverbild / Photo de couverture: www.ingimage.com

Verlag / Editeur:
Presses Académiques Francophones
ist ein Imprint der / est une marque déposée de
OmniScriptum GmbH & Co. KG
Heinrich-Böcking-Str. 6-8, 66121 Saarbrücken, Deutschland / Allemagne
Email: info@presses-academiques.com

Herstellung: siehe letzte Seite /
Impression: voir la dernière page
ISBN: 978-3-8381-4338-5

Zugl. / Agréé par: Batna, Université de BATNA, 2014

Copyright / Droit d'auteur © 2014 OmniScriptum GmbH & Co. KG
Alle Rechte vorbehalten. / Tous droits réservés. Saarbrücken 2014

Table des matières

INTRODUCTION GENERALE 11

CHAPITRE I
ETAT DE L'ART DES SYSTEMES DE CONVERSIOND'ENERGIE EOLIENNE

I.1 INTRODUCTION 15
    I.2 SURVOL SUR LES SYSTEMES DE CONVERSION D'ENERGIE EOLIENS (SCEE)... 16
    I.3 ETAT DE L'ART ET SITUATION DE L'EOLIEN DANS LE MONDE ACTUEL... 18
        I.3.1 HISTORIQUE DE L'EOLIEN 18
        I.3.2 L'ENERGIE EOLIENNE EN QUELQUES CHIFFRES 19
            I.3.2.1 La capacité mondiale installée de parc éolien *19*
            I.3.2.2 Répartition de parc éolien au niveau continental *20*
            I.3.2.3 Perspectives mondiales... *23*
        I.3.3 AVANTAGES ET INCONVENIENTS DE L'ENERGIE EOLIENNE 23
            I.3.3.1 Les atouts... *23*
            I.3.3.2 Les inconvénients.. *25*
        I.3.4 DIFFERENTES TYPES D'AEROGENERATEURS 26
            I.3.4.1 Les turbines éoliennes à axe horizontal : *26*
            I.3.4.2 Les turbines éoliennes à axe vertical. *26*
        I.3.5 CONSTITUTION D'UNE EOLIENNE 27
        I.3.6 CARACTERISTIQUES DE LA TURBINE EOLIENNE 28
        I.3.7 ZONES DE FONCTIONNEMENT DE L'EOLIENNE 29

I.4 LA BOITE DE VITESSE 30
I.5 GENERALITES SUR LES MACHINES UTILISEES DANS LE SCEE 31
    I.5.1 SYSTEMES UTILISANT LA MACHINE SYNCHRONE 31
        I.5.1.1 Machine synchrone à rotor bobiné *31*
        I.5.1.2 Machine synchrone à aimants permanents *32*
        I.5.1.3 Machine synchrone à aimants permanents discoïde *32*
    I.5.2 SYSTEMES UTILISANT LA MACHINE A RELUCTANCE VARIABLE 33
        I.5.2.1 MRV pure : *33*
        I.5.2.2 MRV Vernier :... *33*

I.5.2.3 MRV hybride : *33*
I.5.3 Systèmes utilisant la machine asynchrone 34
I.5.3.1 Machine asynchrone à cage d'écureuil *34*
I.5.3.2 Machine asynchrone à double stator *37*
I.5.3.3 MADA à énergie rotorique dissipée *37*
I.5.3.4 MADA avec structure de Kramer *39*
I.5.3.5 MADA avec cycloconvertisseur *40*
I.5.3.6 MADA avec structure de Scherbius *41*
I.5.3.7 MADA en cascade *43*
I.5.3.8 MADA sans balais (BDFM) *44*
I.5.4 Comparaison des topologies et choix de la BDFM 46

I.6 CONVERTISSEURS DE PUISSANCE 46

I.7 CONCLUSION 48

CHAPITRE II
MODELISATION ET SIMULATION DU SYSTEME DE CONVERSION D'ENERGIE EOLIENNE

II.1 INTRODUCTION 49
II.1 LOGICIEL DE SIMULATION MATLAB/SIMULINK 50
II.2. DESCRIPTION DU SYSTEME DE CONVERSION D'ENERGIE EOLIENNE 50
II.3 MODELISATION DE LA PARTIE MECANIQUE DE L'EOLIENNE 51

II.3.1 Modele du vent 52
II.3.2 Modele du disque actif, [JOU 07] 53
II.3.2.1 Equation de continuité *53*
II.3.2.2 Bilan de quantité de mouvement *53*
II.3.2.3 Coefficient de puissance *54*
II.3.2.4 Limite de Betz *54*
II.3.3 Action du vent sur les pales de la turbine 55
II.3.4 Modele du multiplicateur 59
II.3.5 Equation dynamique de l'arbre 59
II.3.6 Techniques d'extraction du maximum de la puissance 60
II.3.6.1 Bilan des puissances *60*

II.3.6.2 Maximisation de la puissance avec asservissement de la vitesse 62
II.3.6.2.1 Principe général 62
II.3.6.3 Maximisation de la puissance sans asservissement de la vitesse, [ELA 04] 64
III.3.7 RESULTATS OBTENUS 66

II.4 PRINCIPE DE FONCTIONNEMENT ET MODELISATION DE LA BDFM 68

II.4.1 TOPOLOGIE DE LA BDFM 68
II.4.2 MODES DE FONCTIONNEMENT DE LA BDFM 69
II.4.2.1 Modes Asynchrone 69
II.4.2.2 Mode synchrone 70
II.4.3 COUPLAGE MAGNETIQUE 70
AVEC $\theta = \omega r t + \theta'$ 70
II.4.4 MODELE DE LA BDFM EN REGIME PERMANENT 72
II.4.4.1 Schéma équivalent avec une seule alimentation 72
II.4.4.2 Schéma équivalent avec double alimentation 73
II.4.5 MODELE DYNAMIQUE DE LA BDFM 74
II.4.6 RESULTATS DE SIMULATION 76

II.5 MODELISATION DES CONVERTISSEURS 80

II.5.1 CONVERTISSEURS COTE MACHINE 80
- TENSIONS DES PHASES STATORIQUES : 80
- TENSIONS COMPOSEES PRODUITES PAR CCM : 81
- TENSIONS SIMPLES PRODUITES PAR CCM : 81
II.5.1.1 Principe de la MLI 82
II.5.1.2 Résultats de simulation 84
II.5.2 CONVERTISSEUR COTE RESEAU 85
II.5.2.1 Modèle du bus continu 86
II.5.2.2 Modèle de Park de la liaison au réseau 86

II.6 CONCLUSION 87

CHAPITRE III
COMMANDE VECTORIELLE DE LA BDFM

III.1 INTRODUCTION 89

III.1. ARCHITECTURE DU DISPOSITIF DE COMMANDE 90

III.2. COMMANDE DU CONVERTISSEUR COTE MACHINE 90
III.2.1 PRINCIPE DE LA COMMANDE VECTORIELLE A FLUX ORIENTE..................... 91
III.2.2 STRATEGIE DE COMMANDE EN PUISSANCES ACTIVE ET REACTIVE DE LA BDFM 93
III.2.2.1 COMMANDE INDIRECTE DE LA BDFM 96
III.2.2.2 Mise en place de la régulation 96
III.2.2.3 Synthèse de la régulation PI...................... 97

III.3. COMMANDE DU CONVERTISSEUR COTE RESEAU 99

III.4. SIMULATION DU SYSTEME EOLIEN BASE SUR UNE BDFM 100

III.5 CONCLUSION...104

CHAPITRE IV...105

COMMANDE PAR LOGIQUE FLOUE ET HYBRIDE..............................105

DES PUISSANCES DE LA BDFM 105

IV.1 INTRODUCTION...105

IV.1 HISTORIQUE DE LA LOGIQUE FLOUE 106

IV. 3 CONCEPTS FONDAMENTAUX DE LA LOGIQUE FLOUE 107
IV.3.1 ENSEMBLES FLOUS 107
IV.3.2 DIFFERENTES FORMES POUR LES FONCTIONS D'APPARTENANCE 108
IV.3.3 OPERATEURS DE LA LOGIQUE FLOUE.................. 109

IV.4 COMMANDE PAR LA LOGIQUE FLOUE 110
IV.4.1 PRINCIPES GENERAUX D'UNE COMMANDE PAR LOGIQUE FLOUE 110
IV.4.1.1 Fuzzification.................. 111
IV.4.1.2 Base de connaissance.................. 111
IV.4.1.3 Inférence.................. 112
IV.4.1.4 Défuzzification.................. 112
A. Méthode du maximum : 112
B. Méthode de la moyenne des maximums 113
C. Méthode du centre de gravité 113

IV.5 AVANTAGES ET INCONVENIENTS DE LA COMMANDE PAR LOGIQUE FLOUE..113

IV.6 COMMANDE DES PUISSANCES DE LA BDFM PAR LOGIQUE FLOUE 114
IV.6.1 ETUDE DU COMPORTEMENT DE LA MACHINE 114

IV.6.2 STRUCTURE DE BASE D'UN REGULATEUR FLOU DES COURANTS DE BC .. 116
IV.6.3 FUZZIFICATION 116
IV.6.4 BASES DE DONNEES 117
   IV.6.4.1 Partition floue des espaces d'entrées et de sortie *117*
   IV.6.4.2 Normalisation des plages de valeurs *119*
IV.6.5 BASES DES REGLES 119
IV.6.6 METHODE D'INFERENCE 120
IV.6.7 DEFUZZIFICATION 121

IV.7 COMMANDE DES COURANTS DU BC PAR LOGIQUE FLOUE HYBRIDE 122

   IV.7.1 Synthèse d'un régulateur flou plus Intégrateur *122*
   IV.7.2 SYNTHESE D'UN REGULATEUR FLOU PLUS INTEGRATEUR ET DERIVATEUR
   122

IV.8 RESULTATS DE SIMULATION ET EVALUATION 123

   IV.8.1 PERFORMANCES DES REGULATEURS 125
      IV.8.1.1 Suivi des consignes *125*
      IV.8.1.2 Sensibilité aux perturbations *126*
      IV.8.1.3 Robustesse *126*
   IV.8.2 PERFORMANCES DU SYSTEME GLOBAL : TURBINE + BDFM + CONVERTISSEUR AC-DC-AC. 127

IV.9 CONCLUSION 132

CHAPITRE V
NOUVELLE APPROCHE DE COMMANDE PID DE LA BDFM BASEE SUR LA THEORIE DE LA LOGIQUE FLOUE

V.1 INTRODUCTION 133

V.2 PRESENTATION D'UNE NOUVELLE APPROCHE DE LA COMMANDE PID 134

V.3 SYNTHESE DES REGULATEURS 134

V.3.1 SYNTHESE DU REGULATEUR PID 135

   V.3.2 SYNTHESE DE LA COMMANDE PAR LOGIQUE FLOUE 135
   V.3.3 SYNTHESE DE LA NOUVELLE COMMANDE PID (NPID) 136
      V.3.3.1 Analyse du nouveau régulateur NPID: *136*

V.3.3.2 Extension du régulateur NPD: 142
V.4 RESULTATS DE SIMULATION ET EVALUATION 143
V.4.1 PERFORMANCES DES REGULATEURS 144
V.4.1.1 Suivi des consignes 144
V.4.1.2 Sensibilité aux perturbations 144
V.4.1.3 Robustesse 145
V.4.2 PERFORMANCES DU SYSTEME GLOBAL : TURBINE + BDFM + CONVERTISSEUR. 146
V.5 CONCLUSION 151
CONCLUSION GENERALE 152
RECOMMANDATIONS DE TRAVAUX FUTURS 154

Référentiels.
(d, q) : Référentiel lié au champ trournant.
(α, β): Référentiel lié au stator.
Indice des grandeurs.
c : Grandeurs du bobinage de commande
p : Grandeurs du bobinage de puissance
m : Grandeurs magnétisantes.
R : Grandeurs rotoriques.
S : Grandeurs statoriques.
d, q : Grandeurs transformées dans référentiel tournant.
α, β : Grandeurs transformées dans référentiel lié au stator.
Paramètres et Grandeurs Physiques.
Grandeur temporelle :
t : Temps
Turbine :
Paramètre :
R : Rayon de la turbine.
A : Aire balayée par la turbine.
A_1 : la surface à l'infini amont ;
A_d : la surface de plan du disque ;
A_2 : la surface à l'infini aval ;
C_P^{opt} : Coefficient de puissance optimale.
$C_P(\lambda)$: Coefficient de puissance.
J_T: Moment d'inertie de la turbine.
C_D : Coefficient de traînée.
C_L : Coefficient de portance.
$\vec{D}$: Traînée.
g : Glissement.

$\vec{F}_a$: Poussée axiale.
$\vec{F}_t$: Poussée tangentielle.
$\vec{L}$: Portance.
P_{ext} : Puissance extraite.
P_{max} : Puissance maximale de la turbine.
P_V: Puissance disponible dans le vent.
S : Surface balayée par les pales.
$\vec{u}$: Vitesse de vent relatif.
$\vec{V}$: Vitesse de vent incident.
V_1: Vitesse du vent correspondant au démarrage de la turbine.
V_2: Vitesse du vent correspondant à la puissance nominale.
V_3: Vitesse du vent correspondant à l'arrêt de la turbine.
$\vec{W}$: Vitesse de vent apparent.
α : Angle d'incidence.
β: Angle de calage.
ψ : Angle d'attaque.
$\frac{1}{\varepsilon}$: Finesse.
C_p: Coefficient de puissance.
λ_{opt} : Valeur optimale de λ.
Variables :
ρ : Densité volumique de l'air.
V_v : Vitesse du vent au moyeu de la turbine.
β: Angle de calage des pales de la turbine.
λ: Rapport de vitesse de la turbine.
Γ_T: Couple de la turbine.
Ω_T: Vitesse de rotation de la turbine.

f_T : Fréquence de rotation de la turbine.
P_T : Puissance captée par la turbine.
Contrôle de l'angle de calage :
Paramètres :
J_d : Inertie des pales.
D_d : Coefficient de frottement.
Variables :
β : Angle de calage des pales de la turbine.
$\dot{\beta}$: Vitesse de variation de l'angle de calage des pales de la turbine.
Γ_β : Couple appliqué sur les pales.
Γ_r : Couple dû au vent.
Multiplicateur de vitesse :
Paramètre :
N : Rapport de multiplication.
J_T : Inertie axe lent.
J_G : Inertie axe rapide.
D_T : Atténuation axe lent.
D_G : Atténuation axe rapide.
D_e : Atténuation de la transmission.
K_t : Raideur de la transmission.
Variables :
C_T : Couple axe lent.
C_G : Couple axe rapide.
C_{tors} : Couple de torsion.
θ_T : Angle axe lent.
θ_G : Angle axe rapide.
θ_{tors} : Angle de torsion.
Ω_T : Vitesse axe lent.
Ω_G : Vitesse axe rapide.
W_{tors} : Energie potentielle stockée.
W_{cin} : Energie cinétique stockée.

f_{OG} : Fréquence d'oscillation du rotor.
f_{OT} : Fréquence d'oscillation de la turbine.
f_r : Fréquence de résonance.
BDFM:
Paramètre :
m : Rapport de transformation.
$\frac{3}{2}M$: Inductance mutuelle cyclique entre stator et rotor.
L_{mp}, L_{mc} : Inductances mutuelles cycliques entre stator et rotor de la MADAB.
L_{sp}, L_{sc} : Inductances cycliques de la MADAB MADA.
L_{rp}, L_{rc} : Inductances cycliques rotoriques de deux MADA.
p : Nombre de paires de pôles de la cascade
R_{Sp}, R_{Sc} : Résistances statoriques de la MADAB.
R_{rp}, R_{rc} : Résistances rotoriques de la MADAB.
R_{sc} : Resistance statorique du bobinage de commande
R_{rc} : Resistance rotorique du bobinage de commande
R_{sp} : Resistance statorique du bobinage de puissance
R_{rp} : Resistance rotorique du bobinage de puissance
J_m : Moment d'inertie de la machine.
ω_{sync} : Vitesse de synchronisme.

Variables :

i_{Ra}, i_{Rb}, i_{Rc} : Courants réels dans les phases rotoriques.

i_{Sa}, i_{Sb}, i_{Sc} : Courants réels dans les phases statoriques.

v_{Sa}, v_{Sb}, v_{Sc} : Tensions simples réelles du stator alimentation de la machine.

e_{Sa}, e_{Sb}, e_{Sc} : Forces électromotrices de la machine.

v_{an}, v_{bn}, v_{cn} : Tensions simples délivrées par l'onduleur connecté au rotor.

$\bar{v}_S$: Vecteurs tensions statoriques

$\bar{v}_R$: Vecteurs tensions rotoriques

$\psi_{Sa}, \psi_{Sb}, \psi_{Sc}$: Flux statoriques réels.

C_{em} : Couple électromagnétique.

P_S : Puissance active au stator.

Q_S : Puissance réactive au stator.

P_R : Puissance active au rotor.

Q_R : Puissance réactive au rotor.

P_m : Puissance mécanique.

P_{JS} : Pertes Joule au stator.

P_{JR} : Pertes Joule au rotor.

P_{sp} : Puissance entrant au stator du bobinage de puissance

P_{sp} : Puissance entrant au rotor du bobinage de puissance

P_{sc} : Puissance entrant au stator du bobinage de commande

P_{rc} : Puissance entrant au rotor du bobinage de commande

θ : Position "électrique" du rotor (2) par rapport au stator (S).

ω : Pulsation mécanique.

ω_R : Pulsation rotorique.

ω_{sc} : Pulsation statorique du bobinage de commande

ω_r : Pulsation rotorique du rotor

ω_{sp} : Pulsation statorique du bobinage de puissance

ω_{rp} : Pulsation rotorique du bobinage de puissance

Ω : vitesse de rotation mécanique de l'arbre commun

p_c : Nombre de paire de pole du bobinage de commande

p_1 : Nombre de paire de pole du bobinage de commande

f_R : Fréquence rotorique.

g : Glissement.

Ω_G : Vitesse de rotation de la génératrice.

Commande MADAB:

k_p : Gain proportionnel du contrôle des courants I_d et I_q.

τ : Constante de temps du contrôle des courants I_{2d} et I_{2q}.

Réseau :

V_{res} : Valeur efficace de la tension au point de raccordement.

ω_{res} : Pulsation du réseau et du stator.

f_{res} : Fréquence du réseau.

P_{eol} : Rapport de transformation du transformateur.

P_{eol} : Puissance active fournie par l'éolienne au réseau.

Q_{eol} : Puissance réactive fournie par l'éolienne au réseau.

ACRONYMES :

AC : Alternative Current

FEM : Force électromotrice
EP : Electronique de puissance
MS : Machine synchrone
MLI : Modulation de Largeur d'Impulsions
SCEE : Systèmes De Conversion d'Energie Eolienne
GVC : Génération à Vitesse Constante
GVV : Génération à Vitesse Variable
CDER : Centre de Développement d'Energie Renouvelable
MAS : Machine Asynchrone à cage
MASDS : Machine asynchrone à double stator
MADA : Machine Asynchrone à Double Alimentation
MSAP : Machine Synchrone à Aimant Permanant
MSRB : Machine Synchrone à Rotor Bobiné
MRV : Machine à reluctance variable
BDFM : Brushless doubly fed Machine
BC : Bobinage de Commande
BP : Bobinage de Puissance
EDF : Electricité Du France

Introduction générale

Pendant des siècles, l'énergie éolienne a été utilisée pour fournir un travail mécanique. L'exemple le plus connu est le moulin à vent utilisé par le meunier pour la transformation du blé en farine. On peut aussi citer les nombreux moulins à vent servant à l'assèchement des polders en Hollande [WIK 09].

Par la suite, pendant plusieurs décennies, l'énergie éolienne a servi à produire de l'énergie électrique dans des endroits reculés et donc non-connectés à un réseau électrique. Des installations sans stockage d'énergie impliquaient que le besoin en énergie et la présence d'énergie éolienne soient simultanés. La maîtrise du stockage d'énergie par batteries a permis de stocker cette énergie et ainsi de l'utiliser sans présence de vent. Ce type d'installation ne concerne que les besoins domestiques, non appliqués à l'industrie [WIK 09].

Depuis les années 1990, l'amélioration de la technologie des éoliennes a permis de construire des aérogénérateurs de plus de 5 MW et le développement d'éoliennes de 10 MW est en cours. Ces unités se sont démocratisées et on en retrouve aujourd'hui dans plusieurs pays. Ces éoliennes servent aujourd'hui à produire de puissance électrique pour les réseaux électriques, au même titre qu'un réacteur nucléaire, un barrage hydro-électrique ou une centrale thermique au charbon. Cependant, les puissances générées et les impacts sur l'environnement ne sont pas les mêmes [WIK 09].

Le système de conversion éolien est composé d'un minimum d'éléments capables d'optimiser le transfert de l'énergie présente dans le vent. Idéalement, il ne faut qu'une turbine, un axe de transmission, une génératrice électrique tournante et un convertisseur électronique unidirectionnel ou bidirectionnel. Si la vitesse optimale des turbines se situe aux alentours de quelques dizaines de tours par minute, on ajoute un multiplicateur entre la turbine et la génératrice [POZ 03].

Plusieurs technologies de génératrices éoliennes sont actuellement proposées sur le marché.

La première catégorie a été retenue par la plupart (presque tous) des fabricants d'éoliennes. Elle est, actuellement, la seule approche commerciale compétitive sur le marché. L'catégorie de la machine multipolaire est une solution très encombrante et coûteuse, à cause principalement du fait que les aimants permanents représentent le choix technologique optimal pour cette approche. Cette dernière catégorie est l'un des axes de recherche de certains fabricants, mais il n'y a pas d'implantation significative [POZ 03].

La deuxième catégorie c'est la machine asynchrone à cage (MAS). En utilisant des techniques de la commande vectorielle et un convertisseur bidirectionnel, on assure la génération à la fréquence et tension du réseau en présence de n'importe quelle vitesse du rotor. Le problème principal de cette configuration c'est que le dimensionnement du convertisseur doit être de la même puissance que celle de la génératrice. En même temps la distorsion harmonique générée par le convertisseur oblige d'introduire un système de filtrage de la même puissance. L'avantage principal de cette technique de conversion réside dans une plage de vitesses de rotor très large [POZ 03].

La troisième solution est représentée par ce qu'on appelle la machine asynchrone à double alimentation (MADA). Cette topologie est, actuellement, le meilleur choix des fabricants. Le stator est directement relié au réseau tandis que les grandeurs rotoriques sont commandées par un convertisseur statique. La maîtrise de l'état électromagnétique de la machine par le rotor permet de fonctionner à la fréquence et l'amplitude nominales du réseau même si le rotor s'éloigne de la vitesse de synchronisme. Le dimensionnement du convertisseur est proportionnel au glissement maximal du rotor; autrement dit, il dépend de l'écart maximal entre la vitesse de synchronisme et la vitesse réelle du rotor [POZ 03].

Par contre, l'adoption d'un rotor bobiné limite la capacité de surcharge et introduit des modes d'oscillation supplémentaires par rapport au rotor à cage, plus rigide dans sa construction. Pour une puissance nominale donnée, la machine à rotor bobiné sera plus encombrante et plus lourde que l'équivalent à cage. Pour finir, la présence des balais oblige à des interventions de maintenance fréquentes [POZ 03].

La quatrième solution concerne la cascade de deux MADA : Cette configuration de machine essai d'allier les avantages de la MAS et de la MADA. La structure en cascade peut être considérée comme la première réalisation pratique d'une machine asynchrone à double alimentation sans balais (BDFIG) [HOP-01]. Celui-ci fera l'objet de notre travail. Elle est constituée par un rotor à cage spécial et par deux bobinages triphasés indépendants dans le stator. Un des bobinages du stator, appelé bobinage de puissance (BP), est directement relié au réseau, tandis que l'autre, appelé bobinage de commande (BC), est alimenté par un convertisseur bidirectionnel. La maîtrise de l'état électromagnétique de la machine est assurée par le bobinage de commande, ce qui permet de générer dans le bobinage de puissance une tension à la fréquence et l'amplitude nominales du réseau même si le rotor s'éloigne de la vitesse de synchronisme [POZ 03].

Les avantages principaux de cette structure sont :
- Dimensionnement du convertisseur à une puissance plus petite que la puissance nominale de génération (avantage équivalent à celui de la MADA).
- Machine robuste avec une capacité de surcharge importante et une facilité d'installation dans des environnements hostiles (avantage équivalent à celui de la MAS).
- Coûts d'installation et de maintenance réduits par rapport à la topologie MADA.
- Élimination des oscillations produites par le rotor bobiné.

L'originalité de la commande de l'éolienne à vitesse variable est qu'elle permet d'extraire le maximum de puissance tel que le vent le permet. Le progrès des chercheurs en génie électrique qui a été fait durant ces dernières décennies, a conduit aux investigations afin d'améliorer l'efficacité de la conversion électromécanique et la qualité d'énergie fournie. Dans ce cadre, la présente thèse présente une étude de la BDFIG et son utilisation dans le système de conversion d'énergie éolienne

Le présent travail est structuré en cinq chapitres:

Dans le premier chapitre, on présente un survol sur les systèmes de conversion éoliens de manière générale puis l'évolution des éoliennes durant les dernières décennies. Des statistiques sont données montrant l'évolution de la production et la consommation de l'énergie éolienne dans le monde, ainsi que les différentes génératrices utilisées dans les systèmes éoliens. Ce chapitre sera clôturé par une conclusion.

Le second chapitre est composé de trois parties :

Une première partie est consacrée à la modélisation et la simulation de la partie mécanique de l'éolienne, et où le modèle du vent et son évolution seront étudiés de façon détaillées. Par la suite on calculera la puissance maximale pouvant être l'extraite à l'aide de la limite de Betz. Et enfin, on terminera la première partie par des résultats de simulation pour vérifier les modèles du système à étudier.

La deuxième partie est consacrée à la modélisation de la machine asynchrone à double alimentation sans balais (BDFIG) et on terminera cette partie par une simulation de cette configuration en fonctionnement génératrice.

Dans la troisième et dernière partie nous présenterons la modélisation de l'onduleur qui alimentera le bobinage de commande (BC) de la BDFIG.

Dans le troisième chapitre, on a introduit la commande vectorielle par orientation du flux statorique qui présente une solution attractive pour réaliser de meilleures performances dans les applications à vitesse variable pour le cas de la BDFIG en fonctionnement génératrice.

Le quatrième chapitre est consacré à la commander des puissances active et réactive de la BDFIG à partir du modèle mise en œuvre dans le second chapitre. Aussi, nous avons procéder à la synthèse des régulateurs classique et avancés pour la réalisation de cette commande.

Dans un premier temps, la synthèse d'un régulateur PI est réalisée. Ce type de régulateur reste le plus communément utilisé pour la commande des machines électriques, ainsi que dans de nombreux systèmes de régulation industriels. Afin de comparer ses performances à d'autres régulateurs plus avancés, nous avons effectué également une synthèse d'un régulateur flou et hybride (Flou + Intégrateur et/ou Dérivateur).

Des simulations sont réalisées pour comparer ces régulateurs en termes de poursuite de trajectoire, sensibilité aux perturbations et robustesse vis à vis des variations de paramètres.

Dans le cinquième chapitre, nous avons présenté la nouvelle approche de la commande des puissances active et réactive de bobinage de puissance de la machine asynchrone à double alimentation sans balais. La première partie est une présentation de la méthode. La seconde partie est une synthèse des quatre régulateurs testés : PID, Flou, Nouveau PD (NPD) et Nouveau PID (NPID). La troisième partie est une comparaison des performances des trois régulateurs en termes de suivi de consigne, sensibilité aux perturbations et robustesse vis à vis des variations des paramètres de la BDFIG.

Le travail est clôturé par une conclusion générale et par l'exposition de quelques perspectives de recherche.

Chapitre I
Etat de l'Art des Systèmes de Conversion d'Energie Eolienne

I.1 Introduction

Ces dernières années, l'intérêt d'utilisation d'énergies renouvelables ne cesse d'augmenter, car l'être humain est de plus en plus concerné par les problèmes environnementaux. Parmi ces énergies, on trouve l'énergie éolienne, [MER 07]. Les caractéristiques mécaniques de l'éolienne, l'efficacité de la conversion de l'énergie mécanique en énergie électrique est très importante. Là encore, de nombreux dispositifs existent et, pour la plupart, ils utilisent des machines synchrones ou asynchrones. Les stratégies de commande de ces machines et leurs éventuelles interfaces de connexion au réseau doivent permettre de capter un maximum d'énergie sur une plage de variation de vitesse de vent la plus large possible, ceci dans le but d'améliorer la rentabilité des installations éoliennes, [POI 03].

Dans ce chapitre, on présente un survol sur les systèmes de conversion d'énergies éoliennes de manière générale puis l'évolution des éoliennes durant les dernières décennies. Des statistiques sont données montrant l'évolution de la production et la consommation de l'énergie éolienne dans le monde sans oublier l'Algérie, ainsi que les différents générateurs utilisés dans les systèmes éoliens. Ce chapitre sera clôturé par une conclusion.

I.2 Survol sur les Systèmes de Conversion d'Energie Eoliens (SCEE)

Le SCEE est un dispositif qui transforme une partie de l'énergie cinétique du vent en énergie mécanique disponible sur un arbre de transmission puis en énergie électrique par l'intermédiaire d'un générateur. Selon la figure I.1, il est constitué d'un générateur électrique, entrainé par une turbine éolienne à travers le multiplicateur, d'un système de commande, d'un convertisseur statique, d'un transformateur et enfin d'un réseau électrique.

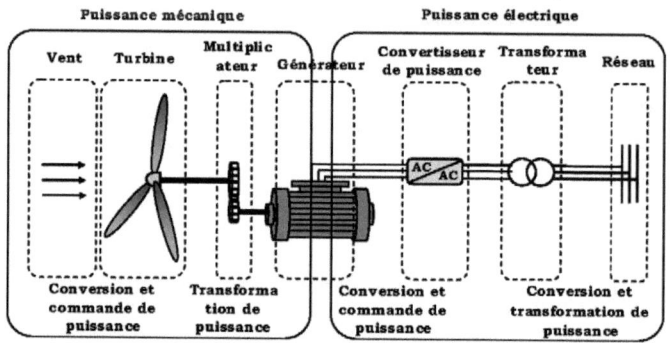

Fig. I. 1 : Principaux organes du SCEE.

L'énergie éolienne est une énergie "renouvelable" non dégradée, géographiquement diffuse, et surtout en corrélation saisonnière (l'énergie électrique est largement plus demandée en hiver et c'est souvent à cette période que la moyenne des vitesses des vents est la plus élevée). De plus, c'est une énergie qui ne produit aucun rejet atmosphérique ni déchet radioactif, elle est actuellement la moins chère de toutes les énergies renouvelables, [LAV 05]. Elle est toutefois aléatoire dans le temps et son captage reste assez complexe, [POI 03].

Face au problème de la source d'énergie aléatoire, deux approches sont possibles (Figure I.2) : la Génération à Vitesse Constante (GVC, cas A), et la Génération à Vitesse Variable (GVV, cas B). Dans le premier cas (GVC) une machine génératrice classique est directement connectée au réseau, et donc la plage de vitesse possible reste limitée aux alentours de la vitesse synchrone, qui est constante et imposée par le réseau, [POZ 03].

Pour pouvoir profiter de toute la source d'énergie variable dans le cas de la GVC, on doit utiliser un compensateur mécanique qui adapte le rapport de vitesse entre le système physique et l'axe du générateur en fonction de la disponibilité énergétique du moment. Cette compensation ou adaptation est faite « à la base », en éliminant une partie de l'énergie disponible au prix de la diminution du rendement global du système, [POZ 03].

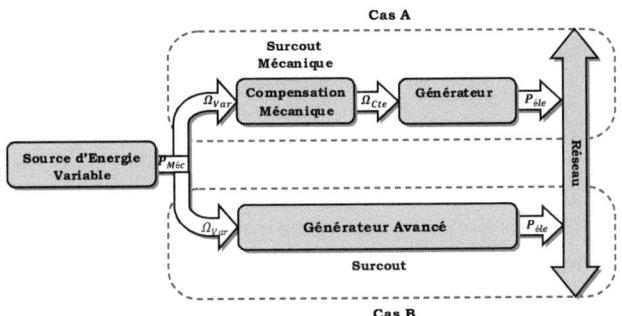

Fig. I. 2 : Systèmes de génération d'énergie électrique à partir de sources d'énergie variable, [POZ 03].

On peut citer deux types de compensation, [POZ 03] :
- Compensation active : dans le cas des générateurs éoliens, par exemple, la relation de transformation [vitesse rotor, vitesse des pales] → [couple axe des pales] dépend de l'angle de confrontation des pales avec le vent, on peut obtenir une relation optimale en contrôlant le dit angle, [POZ 03].
- Compensation passive : dans le cas de la génération éolienne, grâce à une conception aérodynamique spécifique des profils des pales, on peut changer la partie effective de la pale qui travaille en fonction de la vitesse du vent. La zone utile transmet l'énergie dans un régime proche de l'optimal, [POZ 03].

Mis à part le rendement énergétique, un système de GVC lié à une source d'énergie variable présente d'autres problèmes importants :
- Dégradation de la qualité d'énergie électrique : la réponse temporelle du compensateur mécanique n'est pas assez rapide face aux variations brusques de la source de l'énergie (rafales de vent par exemple), ce qui éloigne momentanément le système de la vitesse du rotor optimale. Ces variations de vitesse non souhaitées induisent des perturbations dans la tension générée, en affectant la qualité de l'énergie électrique du nœud de connexion du parc générateur, [POZ 03].

- Stress mécanique : à cause de la lenteur de la réponse du compensateur mécanique, le système générateur peut arriver à supporter des efforts mécaniques au-dessus de ses valeurs maximales, avec un risque de dommage du générateur plus grand, [POZ 03].

Le développement de l'électronique de puissance (moins coûteuse et plus performante) a permis l'implantation de systèmes de GVV en proposant des solutions qui éliminent ou réduisent les problèmes de la GVC. Le surcoût électronique des systèmes de GVV n'est pas inacceptable par rapport à ses avantages au niveau du système mécanique, en termes de maintenance, et de durée de vie. Mieux encore, grâce à l'électronique de puissance, la qualité de l'énergie électrique générée est nettement supérieure et les normes de connexion sont aisément respectées, [POZ 03].

I.3 Etat de l'art et situation de l'éolien dans le monde actuel
I.3.1 Historique de l'éolien

L'énergie éolienne est probablement une des plus anciennes sources d'énergie. Cette énergie propre et renouvelable existe depuis toujours, elle fut utilisée pour la propulsion des navires et ensuite les moulins à blé et les constructions permettant le pompage d'eau. Mais jusqu'à présent son exploitation reste difficile. L'utilisation de l'énergie éolienne a commencé en 1700 avant J´esus-Christ (J-C) environ, [JOU 07], [MIR 05]. Hammourabi, fondateur de la puissance de Babylone, avait conçu tout un projet d'irrigation de la Mésopotamie utilisant la puissance du vent. La première description écrite de l'utilisation des moulins à vent en Inde date d'environ 400 ans avant J-C. En Europe, les premiers moulins à vent ont fait leur apparition au début du Moyen Age. Utilisés tout d'abord pour moudre le grain, d'où leur nom de " moulins ", ils furent aussi utilisés aux Pays-Bas pour assécher des lacs ou des terrains inondés. Dès le XIV siècle, les moulins à vent sont visibles partout en Europe et deviennent la principale source d'énergie. Seulement en Hollande et au Danemark, vers le milieu du XIXème siècle, le nombre des moulins est estimé respectivement à plus de 30000 et dans toute l'Europe à 200000. A l'arrivée de la machine à vapeur, les moulins à vent commencent leur disparition progressive [MIR 05].

L'arrivée de l'électricité donne l'idée à Poul La Cour en 1891 d'associer à une turbine éolienne une génératrice. Ainsi, l'énergie en provenance du vent a pu être « redécouverte » et de nouveau utilisée (dans les années 40 au Danemark 1300 éoliennes). Au début du siècle dernier, les aérogénérateurs ont fait une apparition massive (6 millions de pièces fabriquées) aux Etats-Unis où ils étaient le seul moyen d'obtenir de l'énergie électrique dans les campagnes isolées. Dans les années 60, fonctionnait dans le monde environ 1 million d'aérogénérateurs. La crise pétrolière de 1973 a relancé de nouveau la recherche et les réalisations éoliennes dans le monde, [MIR 05].

I.3.2 L'énergie éolienne en quelques chiffres
I.3.2.1 La capacité mondiale installée de parc éolien

Comme il est montré sur les figures I.3, I.4 et I.5, la production de l'énergie éolienne connaît depuis quelques années le taux de croissance le plus important de la centrale de la production d'électricité.

Le taux de croissance a progressé régulièrement depuis 2004, atteignant 32.1% en 2009, après 28.7% en 2008, 26.7% en 2007, 25.6% en 2006, 23.8% en 2005 et 21.3% en 2004. D'autre part, nous voyons que le taux diminue progressivement depuis 2009, atteignant 19.2 % en 2012, après 23.3% en 2010 et 20.2% en 2011. Après un taux de croissance moyen de 30 % au cours de la décennie précédente, celui-ci a fortement diminué ces trois dernières années. En 2012, le taux de croissance mondial est descendu à 19,1 %, le plus faible sur deux décennies. Déjà en 2011, le faible de taux de 20,3 % avait été atteint. La capacité mondiale s'élevait à 160 GW en 2009, à comparer à 282 GW en 2012. [WWE 12].

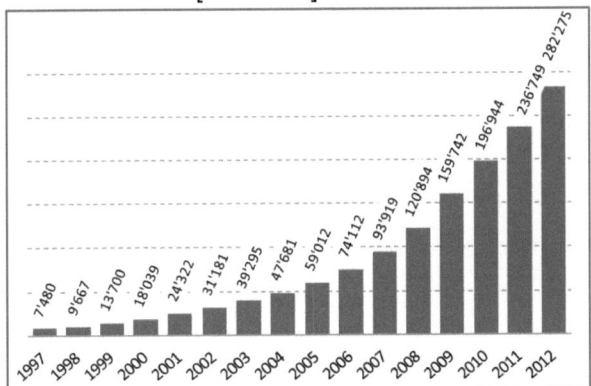

Fig. I. 3: Capacité mondiale installée en MW, [WWE 12].

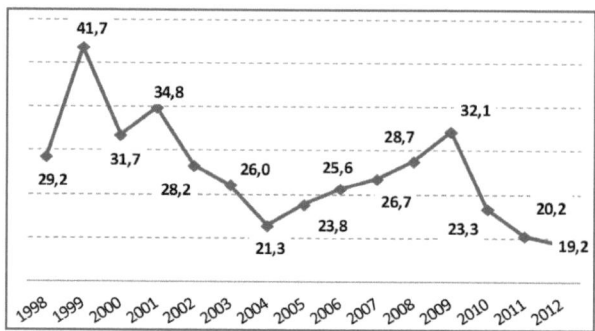

Fig. I. 4 : Taux de croissance du marché mondial, [WWE 12].

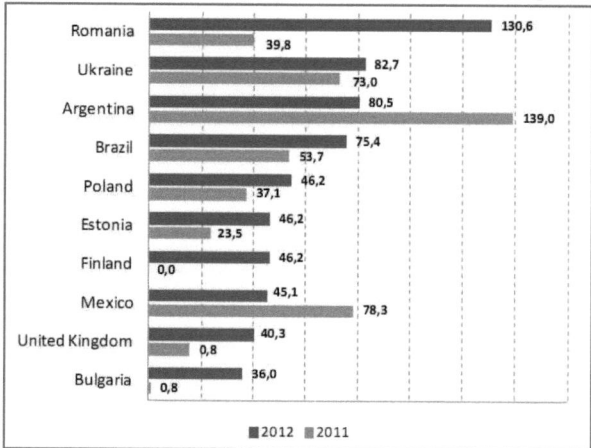

Fig. I. 5 : Les 10 pays ayant les plus fortes croissances –pays ayant plus de 200 MW installée. [WWE 12].

I.3.2.2 Répartition de parc éolien au niveau continental

La principale contribution au parc éolien mondial reste européenne, avec 38 % de la puissance totale. Cependant, l'Europe a perdu sa position dominante (66 % de la puissance globale en 2006) du fait de taux de croissance faible ces dernières années. [WWE 12].

L'Asie a augmenté régulièrement son emprise sur le marché, et représente désormais 35 % du marché. [WWE 12].

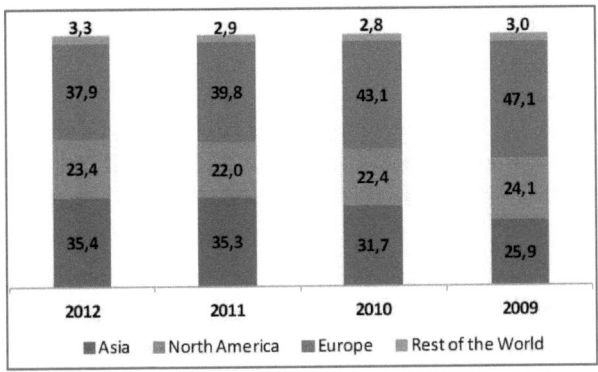

Fig. I. 6 : Répartition continentale des nouvelles installations (%), [WWE 12].

Après sept ans de diminution, la part de l'Amérique du Nord augmente à nouveau, principalement du fait de la croissance réalisée par les États-Unis, [WWE 12].

L'Amérique Latine affiche une forte croissance et a augmenté sa part de 1,2 % en 2010 à 2,9 % en 2011 puis à 4 % en 2012 sur le marché des nouvelles installations, [WWE 12].

La part de l'Afrique, 1074 MW éoliens (0,4 % de capacité globale) sont installés en Afrique fin 2012, dont seulement 71 nouveaux MW en 2011 (contre 73 MW en 2011). Cette nouvelle capacité se répartit uniquement entre l'Éthiopie et la Tunisie, [WWE 12].

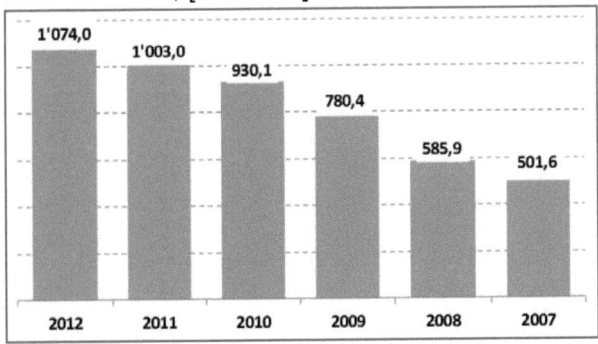

Fig. I. 7 : Total des installations – Afrique (MW), [WWE 12].

Bien que la plupart des pays d'Afrique du Nord, dont l'Algérie depuis peu, aient annoncé des programmes ambitieux, peu de progrès réels étaient visibles en 2012. [WWE 12].

L'Algérie présente un potentiel éolien considérable qui peut être exploité pour la production d'énergie électrique, surtout dans le sud où les vitesses de vents sont élevées et peuvent dépasser 4m /s (6m/s dans la région de Tindouf), et jusqu'à 7m /s dans la région d'Adrar, [ABD 08].

Les ressources énergétiques de l'Algérie ont déjà été estimées par le CDER depuis les années 90 à travers la production des atlas de la vitesse du vent et du potentiel énergétique éolien disponible en Algérie, [MER 08].

Ceci a permis l'identification de huit zones ventées susceptibles de recevoir des installations éoliennes, [MER 08]:
- deux zones sur le littoral
- trois zones sur les hauts plateaux
- et quatre zones en sites sahariens.

Les trois régions situées au sud ouest du Sahara (Tindouf, In Salah et Adrar) semblent être les plus favorables à l'installation de fermes éoliennes car elles cumulent à elles seules un potentiel économique approchant les 24 TWH/an, [MER 08].

La figure I.8 présente la carte des vents en Algérie établie par le centre de développement des énergies renouvelable CDER, laboratoire de l'énergie éolienne, [MER 08].

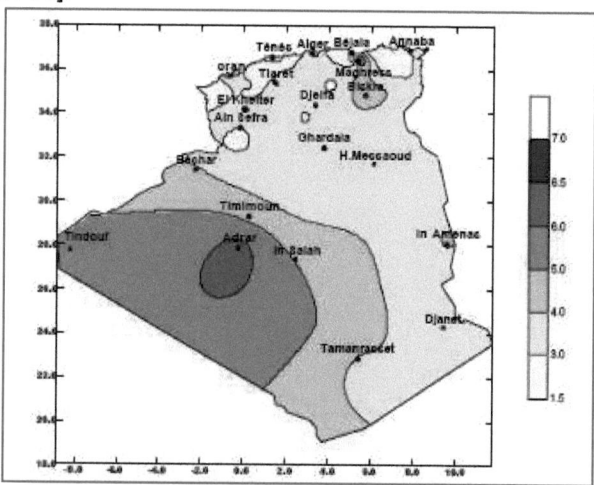

Fig. I. 8 : Carte annuelle de la vitesse moyenne du vent à 10m du sol (m/s) en Algérie, [HAM 03].

I.3.2.3 Perspectives mondiales

Malgré la nécessité de renforcer les politiques nationales et internationales et d'accélérer le développement de l'éolien, les investissements dans l'énergie éolienne bénéficient d'un engouement notable et de nombreux projets sont en cours de réalisation, [WWE 12].

La poursuite d'une croissance soutenue est à prévoir en Chine, en Inde, en Europe et en Amérique du Nord, [WWE 12].

De hauts taux de croissances se profilent dans plusieurs pays d'Amérique Latine (notamment au Brésil) ainsi que dans les marchés émergents d'Asie et d'Europe de l'Est. À moyen terme, certains pays africains devraient aussi bénéficier de forts investissements, tout d'abord au nord du continent, mais également en Afrique du Sud, [WWE 12].

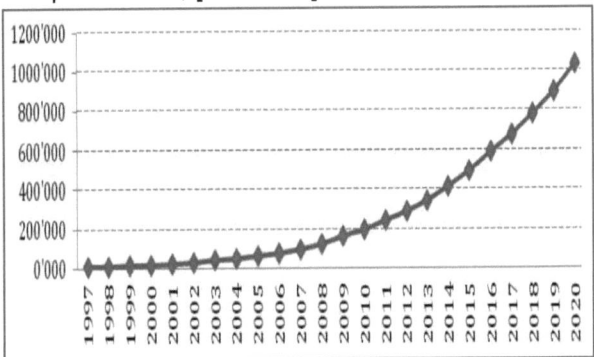

Fig. I. 9 : L'énergie éolienne mondiale (MW), [WWE 12].

En fonction des taux de croissance observés actuellement, le « World Wind Energy Association » (WWEA) revoit ses estimations concernant l'évolution de la capacité éolienne mondiale :

La WWEA prévoit une capacité globale de 500 000 MW en 2016. Plus de 1 000 000 MW sont attendus fin 2020, [WWE 12].

I.3.3 Avantages et inconvénients de l'énergie éolienne

La croissance de l'énergie éolienne est évidemment liée à leurs avantages.

Cette source d'énergie a également des inconvénients qu'il faut étudier, afin que ceux-ci ne deviennent pas un frein à son développement.

I.3.3.1 Les atouts

L'énergie éolienne est avant tout une énergie qui respecte l'environnement
- L'impact néfaste de certaines activités de l'homme sur la nature est aujourd'hui reconnu par de nombreux spécialistes. Certaines sources

d'énergie notamment, contribuent à un changement global du climat, aux pluies acides ou à la pollution de notre planète en général. La concentration de CO_2 a augmenté de 25% depuis l'ère préindustrielle et on augure qu'elle doublera pour 2050 [CAM 03]. Ceci a déjà provoqué une augmentation de la température de 0,3 à 0,6° C depuis 1900 et les scientifiques prévoient que la température moyenne augmentera de 1 à 3,5° C d'ici l'an 2100, ce qui constituerait le taux de réchauffement le plus grand des 10000 dernières années [CAM 03]. Toutes les conséquences de ce réchauffement ne sont pas prévisibles, mais on peut par exemple avancer qu'il provoquera une augmentation du niveau de la mer de 15 à 95 cm d'ici l'an 2100 [CAM 03].

- L'exploitation d'énergie éolienne ne produit pas directement de CO_2.
- L'énergie éolienne est une énergie renouvelable, c'est à dire que contrairement aux énergies fossiles, les générations futures pourront toujours en bénéficier, [CAM 03].
- Chaque unité d'électricité produite par un aérogénérateur supplante une unité d'électricité qui aurait été produite par une centrale consommant des combustibles fossiles. Ainsi, l'exploitation de l'énergie éolienne évite déjà aujourd'hui l'émission de 6,3 millions de tonnes de CO_2, 21 mille tonnes de SO_2 et 17,5 mille tonnes de NOx [CAM 03]. Ces émissions sont les principaux responsables des pluies acides.
- L'énergie éolienne n'est pas non plus une énergie à risque comme l'est l'énergie nucléaire et ne produit évidemment pas de déchets radioactifs dont on connaît la durée de vie, [CAM 03].
- L'exploitation de l'énergie éolienne n'est pas un procédé continu puisque les éoliennes en fonctionnement peuvent facilement être arrêtées, contrairement aux procédés continus de la plupart des centrales thermiques et des centrales nucléaires. Ceux-ci fournissent de l'énergie même lorsque que l'on n'en a pas besoin, entraînant ainsi d'importantes pertes et par conséquent un mauvais rendement énergétique, [CAM 03].
- Les parcs éoliens se démontent très facilement et ne laissent pas de trace, [CAM 03].

L'énergie éolienne a d'autre part des atouts économiques certains

- C'est une source d'énergie locale qui répond aux besoins locaux en énergie. Ainsi les pertes en lignes dues aux longs transports d'énergie

sont moindres. Cette source d'énergie peut de plus stimuler l'économie locale, notamment dans les zones rurales, [CAM 03].
- C'est l'énergie la moins chère entre les énergies renouvelables [CAM 03], [POZ 03].
- Cette source d'énergie est également très intéressante pour les pays en voie de développement. Elle répond au besoin urgent d'énergie qu'ont ces pays pour se développer. L'installation d'un parc ou d'une turbine éolienne est relativement simple. Le coût d'investissement nécessaire est faible par rapport à des énergies plus traditionnelles. Enfin, ce type d'énergie est facilement intégré dans un système électrique existant déjà, [CAM 03].
- L'énergie éolienne crée plus d'emplois par unité d'électricité produite que n'importe quelle source d'énergie traditionnelle, [CAM 03].

I.3.3.2 Les inconvénients

Même s'ils ne sont pas nombreux, l'éolien a quelques inconvénients
- L'impact visuel, cela reste néanmoins un thème subjectif, [CAM 03].
- Le bruit : il a nettement diminué, notamment le bruit mécanique qui a pratiquement disparu grâce aux progrès réalisés au niveau du multiplicateur. Le bruit aérodynamique quant à lui est lié à la vitesse de rotation du rotor, et celle-ci doit donc être limitée, [CAM 03].
- L'impact sur les oiseaux : certaines études montrent que ceux-ci évitent les aérogénérateurs, [CAM 03]. D'autres études disent que les sites éoliens ne doivent pas être implantés sur les parcours migratoires des oiseaux, afin que ceux-ci ne se fassent pas attraper par les aéroturbines, [CAM 03].
- La qualité de la puissance électrique : la source d'énergie éolienne étant stochastique, la puissance électrique produite par les aérogénérateurs n'est pas constante. La qualité de la puissance produite n'est donc pas toujours très bonne. Jusqu'à présent, le pourcentage de ce type d'énergie dans le réseau était faible, mais avec le développement de l'éolien, notamment dans les régions à fort potentiel de vent, ce pourcentage n'est plus négligeable. Ainsi, l'influence de la qualité de la puissance produite par les aérogénérateurs augmente et par suite, les contraintes des gérants du réseau électrique sont de plus en plus strictes, [CAM 03].

- Le coût de l'énergie éolienne par rapport aux sources d'énergie classiques : bien qu'en terme de coût, l'éolien puissant sur les meilleurs sites, c'est à dire là où il y a le plus de vent, est entrain de concurrencer la plupart des sources d'énergie classique, son coût reste encore plus élevé que celui des sources classiques sur les sites moins ventés, [CAM 03].

I.3.4 Différentes types d'aérogénérateurs

Il existe deux grandes catégories d'éoliennes selon la disposition géométrique de l'arbre sur lequel est montée l'hélice:

I.3.4.1 Les turbines éoliennes à axe horizontal :

Ce sont les éoliennes les plus utilisées et sont dotées d'un système de commande où la conception oriente le rotor face au vent, [BEL 07].

Fig. I. 10 : Technologie éolienne à axe horizontale, [BEL 07].

Les éoliennes à axe horizontal sont basées sur le principe des moulins à vent. Elles sont constituées d'une à trois pales profilées aérodynamiquement. Le plus souvent le rotor de ces éoliennes est tripale, car trois pales constituent un bon compromis entre le coefficient de puissance et le coût, (voir la figure I.10), [BEL 07].

Les éoliennes à axe horizontal sont les plus employées du fait de leur rendement aérodynamique est supérieur à celui des éoliennes à axe vertical, elles sont moins exposées aux contraintes mécaniques et ont un coût moins important, [BEL 07].

I.3.4.2 Les turbines éoliennes à axe vertical.

Elles sont les moins utilisées, à cause de leur manque de performances par rapport à celle à axe horizontal [BEL 07].

Fig. I. 11: Technologie éolienne à axe vertical, [BEL 07].

Ce type d'éolienne offre la possibilité de mettre la génératrice au sol. Mais dans ce cas, le vent frotte moins la partie inférieure de la surface des pales lorsqu'il ne souffle pas à bas niveau.

Elles n'ont pas besoin de système d'orientation des pales, car le vent peut frotter les pales dans toutes les directions.

A cause des câbles qui fixent la tour au sol, son implantation prend beaucoup de superficie ce qui est un inconvénient majeur pour les sites agricoles.

I.3.5 Constitution d'une éolienne

Une éolienne est composée de plusieurs éléments présents sur la figure I.12

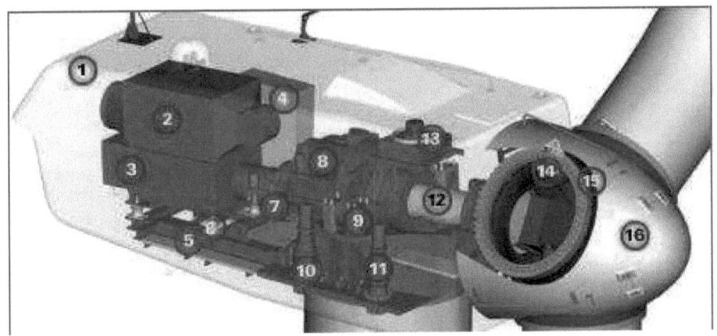

Fig. I. 12 : Exemple de système éolien, [LAV 05].

Un mat, ou tour, supporte la nacelle (1) et la turbine (16). Il est important qu'il soit haut du fait de l'augmentation de la vitesse du vent avec la hauteur et aussi du diamètre des pales. Il est tubulaire et contient une échelle voire un ascenseur. La nacelle (1) partiellement insonorisée (6), (9), avec une armature métallique (5), accueille la génératrice (3) et son système de refroidissement (2), le multiplicateur de vitesse (8) et différents équipements électroniques de contrôle (4) qui permettent de commander les différents mécanismes d'orientation ainsi que le fonctionnement global de l'éolienne, [LAV 05].

Le multiplicateur de vitesse (quand il existe) comporte un arbre lent (12) supportant, la turbine (16) et un arbre à grande vitesse (1000 à 2000 tours/min). Il est équipé d'un frein mécanique a disque (7), auquel est accouple le générateur (3). Le multiplicateur de vitesse peut être pourvu d'un système de refroidissement (13) à huile, [LAV 05].

La turbine (16) possède trois pales (15) qui permettent de capter l'énergie du vent et de la transférer à l'arbre lent. Un système électromécanique (14) permet généralement d'orienter les pales et de contrôler ainsi le couple de la turbine et de réguler sa vitesse de rotation. Les pales fournissent également un frein aérodynamique par « mise en drapeau » ou seulement par rotation de leurs extrémités. Un mécanisme utilisant des servomoteurs électriques (10), (11) permet d'orienter la nacelle face au vent. Un anémomètre et une girouette situés sur le toit de la nacelle fournissent les données nécessaires au système de contrôle pour orienter l'éolienne et la déclencher ou l'arrêter selon la vitesse du vent, [LAV 05].

I.3.6 Caractéristiques de la turbine éolienne

Au vu de ces caractéristiques, il apparaît clairement que si l'éolienne et par conséquent la génératrice fonctionne à vitesse fixe (par exemple 1600 tr/min sur la Figure I.13 les maximas théoriques des courbes de puissance ne sont pas exploités. Pour pouvoir optimiser le transfert de puissance et ainsi obtenir le maximum théorique pour chaque vitesse de vent, la machine devra pouvoir fonctionner entre 1100 et 1900 tr/min pour cet exemple, [POI 03].

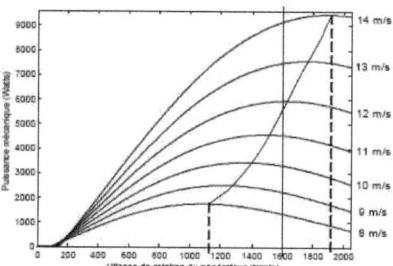
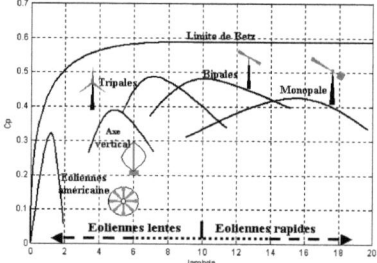

Fig. I. 13 : Puissance théorique disponible pour un type d'éolienne donné, [POI 03].

Fig. I. 14 : Courbe caractéristiques des aérogénérateurs, [POI 03].

Le graphique de la figure I.14 donne une vue sur les coefficients de puissance C_P habituels en fonction de la vitesse réduite λ pour différents types d'éoliennes.

Les éoliennes à marche rapide sont beaucoup plus répandues et pratiquement toutes dédiées à la production d'énergie électrique. Elles possèdent généralement entre 1 et 3 pales fixes ou orientables pour contrôler la vitesse de rotation. Les pales peuvent atteindre des longueurs de 60 m pour des éoliennes de plusieurs mégawatts, [POI 03].

Les éoliennes tripales sont les plus répandues car elles représentent un compromis entre les vibrations causées par la rotation et le coût de l'aérogénérateur. De plus, leur coefficient de puissance atteint des valeurs élevées et décroît lentement lorsque la vitesse augmente. Elles fonctionnent rarement au dessous d'une vitesse de vent de 3 m/s, [POI 03].

I.3.7 Zones de fonctionnement de l'éolienne

Compte tenu des informations précédentes, la courbe de puissance convertie d'une turbine, généralement fournie par les constructeurs, permet de définir quatre zones de fonctionnement pour l'éolienne suivant la vitesse du vent :

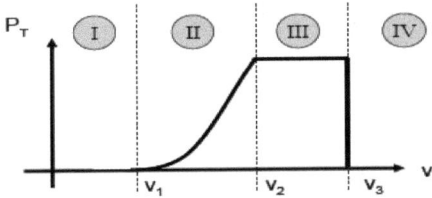

Fig. I. 15 : Zones de fonctionnement d'une éolienne, [LAV 05]

V_1 – la vitesse du vent correspondant au démarrage de la turbine. Suivant les constructeurs, V_1 varie entre 2.5m/s et 4m/s pour les éoliennes de forte puissance ;

V_2 - la vitesse du vent pour laquelle la puissance extraite correspond à la puissance nominale de la génératrice. Suivant les constructeurs, V_2 varie entre 11.5m/s et 15m/s en fonction des technologies ;

V_3 - vitesse du vent au-delà de laquelle il convient de déconnecter l'éolienne pour des raisons de tenue mécanique en bout de pales. Pour la grande majorité des éoliennes, V_3 vaut 25m/s.

Zone I : $V < V_1$:

La vitesse du vent est trop faible. La turbine peut tourner mais l'énergie à capter est trop faible.

Zone II : $V_1 < V < V_2$:

Le maximum de puissance est capté dans cette zone pour chaque vitesse de vent. Différentes méthodes existent pour optimiser l'énergie extraite. Cette zone correspond au fonctionnement à charge partielle.

Zone III : $V_2 < V < V_3$:

La puissance disponible devient trop importante. La puissance extraite est donc limitée, tout en restant le plus proche possible de la puissance nominale de la turbine (P_n). Cette zone correspond au fonctionnement à pleine charge.

Zone IV : $V > V_3$:

La vitesse du vent devient trop forte. La turbine est arrêtée et la puissance extraite est nulle.

I.4 La boite de vitesse

La boite de vitesses est un composant important dans la chaîne de puissance d'une turbine éolienne. Le rôle principal de la boite de vitesse est d'adapter la vitesse de rotation de la turbine à celle de générateur. La vitesse de rotation d'une turbine éolienne typique est de l'ordre de quelques tours/mn à quelques certaines de tours/mn selon ses dimensions alors que la vitesse optimale d'un générateur conventionnel se situe entre 400 et 3600 tours/mn.

Fig. I. 16 : Boîte de vitesse de deux arbres parallèles pour une éolienne de 200 à 500 kW, [LOP 06].

Fig. I. 17 : Boîte de vitesse standard pour les grandes turbines éoliennes avec un étage épicycloïdal et deux arbres parallèles, [LOP 06].

La suppression de la boîte de vitesses améliore la fiabilité et la continuité du service, les inconvénients de cette solution ne doivent pas être négligés. Pour le cas des grandes éoliennes, le générateur est de conception complexe spécialement dédiée à cette application et ses poids et diamètre élevés impliquent un poids total supérieur aux conceptions conventionnelles, [LOP 06].

I.5 Généralités sur les machines utilisées dans le SCEE

Les générateurs habituellement rencontrés dans les éoliennes sont présentés dans les paragraphes suivants :

I.5.1 Systèmes utilisant la machine synchrone

L'avantage du générateur synchrone sur le générateur asynchrone est l'absence de courant réactif de magnétisation. Le champ magnétique du générateur synchrone peut être obtenu par des aimants permanents ou par un bobinage d'excitation. Si le générateur possède un nombre suffisant de pôles, il peut être utilisé pour les applications d'entraînement direct qui ne nécessitent pas de boite de vitesses. Le générateur synchrone est toutefois mieux adapté à la connexion indirecte au réseau de puissance à travers un convertisseur statique (voir la figure I.18), lequel permet un fonctionnement à vitesse variable. Pour des unités de petites tailles, le générateur à aimants permanents est plus simple et moins coûteux. Au-delà de 20 kW (environ), le générateur synchrone est plus coûteux et complexe qu'un générateur asynchrone de taille équivalente [LOP 06], [CAM 03].

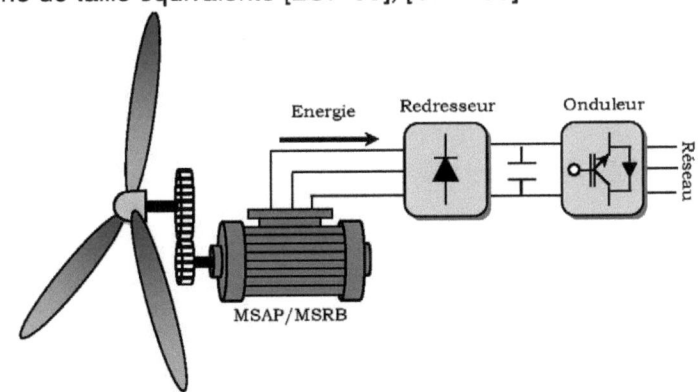

Fig. I. 18 : SGEE avec générateur synchrone.

I.5.1.1 Machine synchrone à rotor bobiné

La connexion directe au réseau de puissance implique que la machine synchrone à rotor bobiné (MSRB) tourne à vitesse constante, laquelle est fixée par la fréquence du réseau et le nombre de pôles de la machine. L'excitation est fournie par le système de bagues et balais ou par un système sans balais avec un redresseur tournant. La mise en œuvre d'un convertisseur dans un système multipolaire sans engrenages permet un entraînement direct à vitesse variable. Toutefois, cette solution implique l'utilisation d'un générateur surdimensionné et d'un convertisseur de puissance dimensionné pour la puissance totale du système. [LOP 06].

I.5.1.2 Machine synchrone à aimants permanents

La caractéristique d'auto excitation de la machine synchrone à aimants permanents (MSAP) lui permet de fonctionner avec un facteur de puissance élevé et un bon rendement, ce qui le rend propice à l'application à des systèmes de génération éolienne. En fait, dans la catégorie des petites turbines, son coût réduit et sa simplicité en font le générateur le plus employé. Cependant, dans les applications de plus grande puissance, les aimants et le convertisseur (lequel doit faire transiter toute la puissance générée), en font le moins compétitif, [LOP 06].

I.5.1.3 Machine synchrone à aimants permanents discoïde

La machine synchrone à aimants permanents et à entrefer axial dite "discoïde" peut être constituée, dans sa structure élémentaire (étage), soit d'un disque rotorique entouré par deux disques statoriques (figure I.19), soit de deux disques rotoriques entourant le disque statorique (figure I.20).

Un disque rotorique est constitué d'un circuit magnétique torique portant les aimants permanents sur une ou deux faces. Le disque statorique est constitué d'un circuit magnétique torique à section rectangulaire portant les bobinages statoriques. Ces derniers peuvent être enroulés autour du tore statorique, ou encore, ils peuvent être logés dans des encoches disposées radialement tout au long de l'entrefer. Cette structure axiale permet de réaliser une machine modulaire en disposant plusieurs étages les uns à côté des autres et en les connectant en parallèle, [POI 03].

Fig. I. 19 : Machine synchrone à aimants permanents discoïde à double rotor

Fig. I. 20 : Machine synchrone à aimants permanents discoïde à double stator

I.5.2 Systèmes utilisant la machine à reluctance variable

La MRV a une structure saillante au rotor et au stator avec un stator actif où sont situés les bobinages et un rotor massif. Le rotor massif distingue la MRV des machines synchrones et asynchrones. Une autre particularité est qu'elle n'est pas à champ tournant mais à champ «pulsé», [BEL 07].

La MRV est intéressante en raison de la simplicité de sa structure et de ses composants, son faible coût, sa bonne robustesse et son couple massique élevé, L'absence d'excitation au rotor qui permet de réduire les pertes. Des réalisations à grand nombre de pôles peuvent être obtenues sans difficulté et permettent la génération de puissance à faible vitesse. Les deux principaux inconvénients de cette machine sont la complexité relative de la commande et l'ondulation du couple qui provoque un bruit important, [BEL 07].

L'application des machines à réluctance dans les systèmes éoliens est plutôt rare, cependant certaines éoliennes intègrent, comme alternateur de moyenne puissance, des machines à réluctances excitées à denture répartie. L'excitation est le plus souvent réalisée par des aimants permanents, on parle alors de machines hybrides, [BOY 06].

Il existe plusieurs types de MRV qui sont utilisées dans l'énergie éolienne :

I.5.2.1 MRV pure :

Elle est utilisée dans l'industrie pour les véhicules hybrides ou les avions mais aussi pour les systèmes de génération d'électricité dans l'aérospatial, [BEL 07].

Cette machine est alimentée par des courants de forme rectangulaire de pulsation ω et la vitesse de rotation est limitée au nombre de dents au rotor :

$$\Omega = \frac{\omega}{N_r}$$

En revanche, elle présente un régime instable en fonctionnement générateur, et une grande complexité mécanique, [BEL 07].

I.5.2.2 MRV Vernier :

Différemment à la MRV précédente, elle est alimentée par des courants sinusoïdaux, et excitée au rotor et au stator d'où on peut insérer des convertisseurs électroniques. La vitesse de rotation est inversement proportionnelle au nombre des dents du rotor, [BEL 07].

I.5.2.3 MRV hybride :

Cette machine met en œuvre des aimants surfaciques et exploite l'effet Vernier avec une alimentation sinusoïdale, [BEL 07].

Le grand nombre de dents rend cette structure intéressante pour les forts couples. Cette machine utilise des aimants à terre rare spéciaux afin d'éviter leur démagnétisation, [BEL 07].

I.5.3 Systèmes utilisant la machine asynchrone
I.5.3.1 Machine asynchrone à cage d'écureuil

Les machines asynchrones à cage d'écureuil (MAS) équipent actuellement une grande partie des éoliennes installées dans le monde, [POI 03]. Celui-ci sont connues par leurs construction extrêmement simple, leurs robustesse, leurs sécurité de fonctionnement, l'absence de contacts glissant sur des bagues ainsi leur coût très compétitif. Elles ont aussi l'avantage d'être fabriquée en grande quantité et dans une très grande quantité d'échelle des puissances, moins exigeantes en termes d'entretien et présentent un taux de défaillance très peu élevé, [BEL 07].

La caractéristique couple/vitesse d'une MAS à deux paires de pôles est donnée sur la figure I.21, [POI 03].

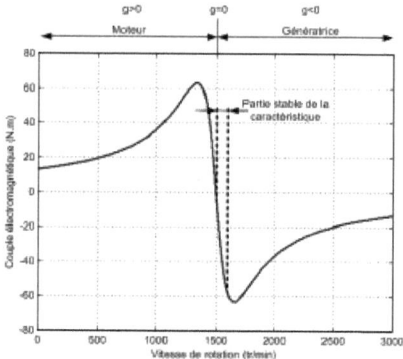

Fig. I. 21 : Caractéristique couple/vitesse d'une MAS, [POI 03].

Pour assurer un fonctionnement stable du dispositif, la génératrice doit conserver une vitesse de rotation proche du synchronisme (point g=0), dans le cas de la caractéristique ci-dessus, la génératrice devra garder une vitesse comprise entre 1500 et 1600 trs/min, [POI 03].

La majorité des applications en éolien (85%) sont à vitesse de rotation constante et à connexion directe au réseau. La figure I.22 représente la configuration la plus simple utilisant une machine asynchrone à cage, [BEL 07]. La machine a un nombre de paires de pôles fixe et doit donc fonctionner sur une plage de vitesse très limitée (glissement inférieur à 2%). La fréquence étant imposée par le réseau. La simplicité de la configuration de ce système (aucune interface entre le stator et le réseau et pas de contacts glissants) permet de limiter la maintenance sur la machine, [POI 03]. Nous remarquons l'insertion en parallèle des condensateurs avec les enroulements statoriques, qui ont pour objectif de magnétiser la machine durant sa production de l'énergie, [BEL 07].

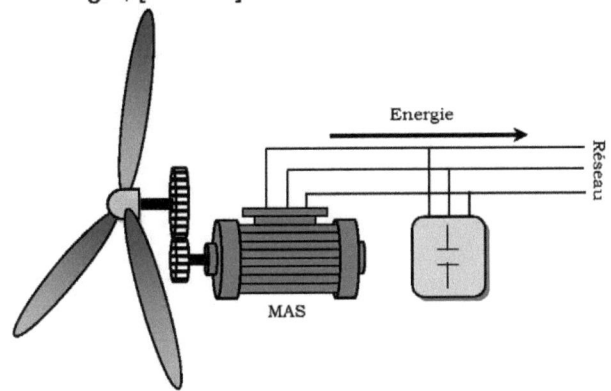

Fig. I. 22 : SCEE basé sur MAS.

Par contre, cette configuration a quelques inconvénients [POI 03] :
- le rotor n'est pas accessible pour récupérer l'énergie rotorique;
- Elle ne permet pas une vitesse variable ;
- Le courant débité au réseau est perturbé à cause de la variation brusque du couple ;
- Elle ne fonctionne en régime autonome qu'en présence des condensateurs ;

La configuration est présentée dans la figure I.23. Elle est équipée d'une machine asynchrone à cage, d'un multiplicateur, un redresseur et un onduleur inséré entre le stator de la machine et le réseau. Ceci augmente considérablement le coût et les pertes qui peuvent avoir une valeur de 3% de la puissance nominale de la machine. Puisque le redresseur est unidirectionnel, pour la magnétisation de la machine, on a besoin des condensateurs en parallèle au stator, [BEL 07].

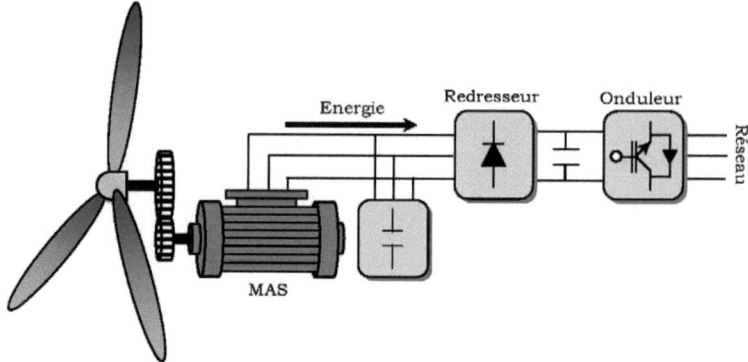

Fig. I. 23 : Connexion indirecte d'une MAS sur le réseau.

Cette configuration permet un fonctionnement de l'éolienne à une vitesse variable, et la commande MLI vectorielle de l'onduleur adapte la fréquence de la puissance fournie de la machine à la fréquence du réseau en présence de n'importe quelle vitesse du rotor.

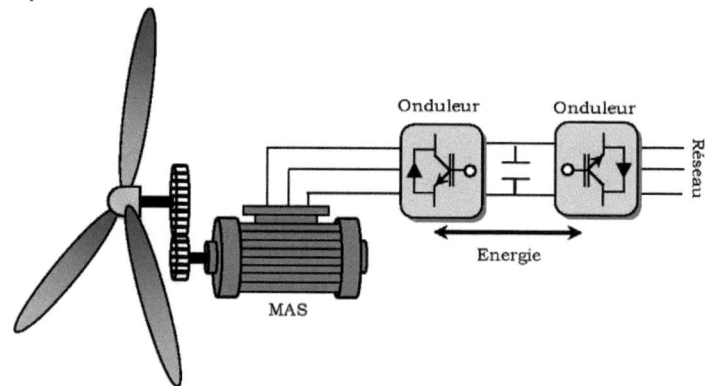

Fig. I. 24 : MAS connectée au réseau par l'intermédiaire de deux onduleurs

Avec cette configuration, la puissance nominale de la génératrice détermine la puissance maximale de l'éolienne.

Toutefois, le redresseur peut être remplacé par un onduleur, ce qui permet le transfert de la puissance réactive dans les deux sens (voir la figure I.24) et ainsi fournir la puissance réactive à la machine asynchrone et éviter les condensateurs du montage précédent.

Néanmoins, ces deux configurations ne sont pas appliquées en pratique, pour les inconvénients cités ci-dessus. En plus, la puissance réelle extraite est beaucoup plus faible à cause de l'association du multiplicateur, la génératrice et les convertisseurs. [POI 03].

I.5.3.2 Machine asynchrone à double stator

Pour exploiter plus d'énergie de vent par le dispositif précédent, certains constructeurs utilisent un système à base de MAS à double stator (voir la figure I.25) :

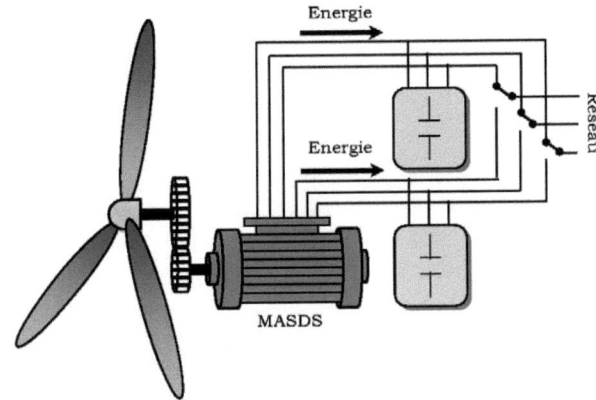

Fig. I. 25 : SCEE basé sur MAS à double stator.

Cette machine présente deux enroulements au stator, l'un de forte puissance à petit nombre de paires de pôles pour les vitesses de vent les plus élevées, l'autre de faible puissance à grand nombre de paires de pôles pour les vitesses les plus faibles. Ce système reste intrinsèquement un dispositif à vitesse fixe mais possède deux points de fonctionnement différents. [POI 03], [BEL 07].

Le bruit ainsi engendré par l'éolienne est alors plus faible pour les petites vitesses de vent car l'angle de calage nécessaire à l'orientation des pales atteint des valeurs moins élevées. La présence d'un deuxième stator rend la conception de la machine particulière et augmente le coût et le diamètre de façon non négligeable, ce qui représente une augmentation du poids et de l'encombrement de l'ensemble. [POI 03], [BEL 07].

I.5.3.3 MADA à énergie rotorique dissipée

Cette configuration à vitesse variable est représentée sur la figure I.26, le stator est connecté directement au réseau et le rotor est connecté à un redresseur. Une charge résistive est alors placée en sortie du redresseur par l'intermédiaire d'un hacheur à IGBT ou GTO [POI 03].

Le contrôle de l'IGBT permet de faire varier l'énergie dissipée par le bobinage rotorique et de fonctionner à vitesse variable en restant dans la partie stable de la caractéristique couple/vitesse de la machine asynchrone (voir la figure I.27). Le glissement est ainsi modifié en fonction de la vitesse de rotation du moteur, [POI 03].

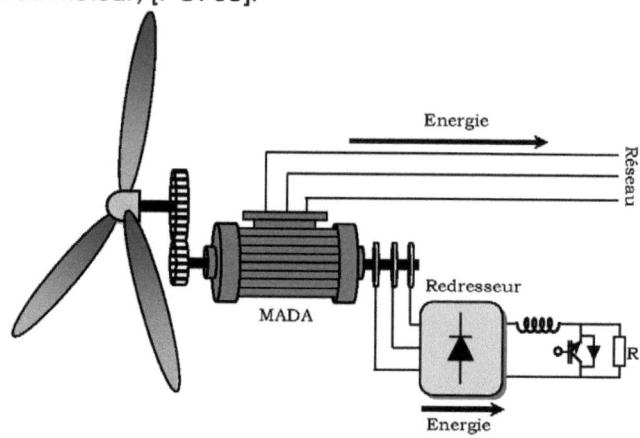

Fig. I. 26 : MADA avec contrôle du glissement par l'énergie dissipée.

Si le glissement devient important, la puissance extraite du rotor est élevée et elle est entièrement dissipée dans la résistance R, ce qui nuit au rendement du système, [POI 03], [MEK 04], [MER 07]. De plus cela augmente la puissance transitant dans le convertisseur ainsi que la taille de la résistance. Le fabriquant "VESTAS" dans son dispositif "OPTI-SLIP" a mis en œuvre ce système en utilisant des composants qui tournent avec le rotor et une transmission optique des signaux de commande. Les contacts glissants sont ainsi évités. La variation maximale du glissement obtenue dans ce procédé est de 10%, [POI 03].

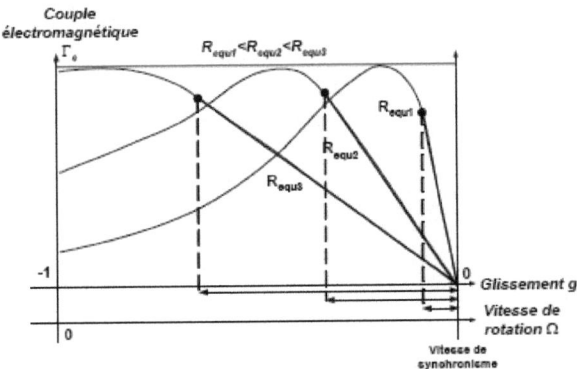

Fig. I. 27 : Effet de la variation de la résistance rotorique sur le couple électromagnétique, [POI 03].

Pour améliorer le rendement de ce système, on récupère la puissance perdue par effet joule au niveau de la résistance en utilisant un convertisseur qui va permettre de renvoyer la puissance récupérée vers le réseau électrique. Alors que le convertisseur est dimensionné selon la puissance que nous avons récupérée, (soit environ 25% de la puissance nominale) pour obtenir un glissement maximal et donc la puissance statorique nominale. C'est un compromis qui mène à une meilleure capture de l'énergie éolienne et à une faible fluctuation de la puissance du côté du réseau [MEK 04]. Puisque le convertisseur statique doit seulement traiter la puissance de glissement à faible communication, dans ce cas, les enroulements du stator sont directement connectés au réseau. Deux options de convertisseur au rotor sont alors utilisées. Dans la premier un convertisseur ou la méthode Scherbius réalisant les régimes hypo/hyper synchrones. Ce cas favorise le fonctionnement à couple constant. Dans la seconde option, un convertisseur à deux étages unidirectionnel est utilisé ou qui est appelé méthode Kramer ou régime hypo synchrone [MEK 04].

I.5.3.4 MADA avec structure de Kramer

Dans le but d'augmenter le rendement de la structure du système précédent, on remplacera le hacheur et la résistance par un onduleur qui va permettre de renvoyer l'énergie de glissement vers le réseau. (Voir la figure I.28), [POI 03].

Chapitre I : Etat de l'Art des Systèmes de Conversion d'Energie Eolienne

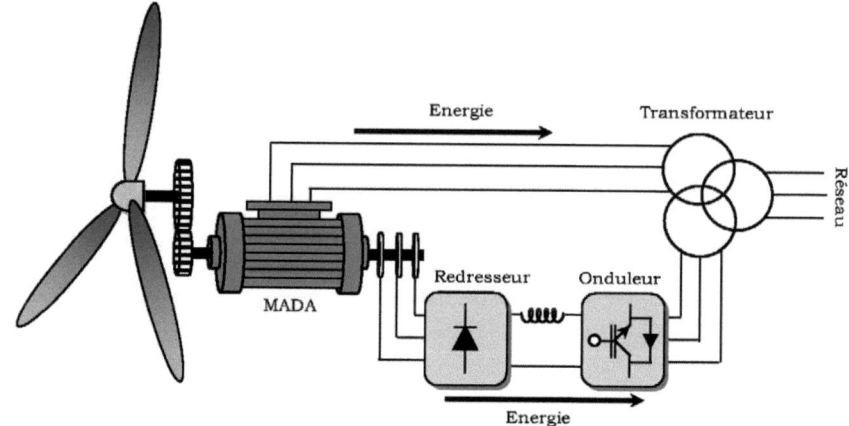

Fig. I. 28 : MADA, structure Kramer.

L'ensemble redresseur-onduleur est alors dimensionné pour une fraction de la puissance nominale de la machine, ce système est avantageux s'il permet de réduire la taille du convertisseur par rapport à la puissance nominale de la machine. Afin de respecter cette contrainte, le glissement est maintenu inférieur à 30%. L'utilisation de thyristors pour l'onduleur nuit au facteur de puissance, de plus le redresseur est unidirectionnel (transfert d'énergie uniquement du rotor de la machine vers le réseau) donc le système ne peut produire de l'énergie que pour des vitesses de rotation supérieures au synchronisme. Cette solution n'est plus utilisée au profit de la structure de Scherbius avec convertisseurs à IGBT, [POI 03].

I.5.3.5 MADA avec cycloconvertisseur

L'association redresseur-onduleur peut être remplacée par un cycloconvertisseur afin d'autoriser un flux d'énergie bidirectionnel entre le rotor et le réseau (voir la figure I.29), l'ensemble est alors appelé structure de Scherbius [POI 03].

La plage de variation de vitesse est doublée par rapport à la structure de la Kramer. En effet si la variation du glissement doit rester inférieure à 30% pour maintenir l'efficacité du système, cette variation peut être positive (fonctionnement hyposynchrone) ou négative (Fonctionnement hypersynchrone).

Le principe du cycloconvertisseur est de prendre des fractions des tensions sinusoïdales du réseau afin de reproduire une onde de fréquence inférieure. Son utilisation génère par conséquent des perturbations harmoniques importantes qui nuisent au facteur de puissance du dispositif. Les progrès de l'électronique de puissance ont conduit au remplacement du cycloconvertisseur par une structure à deux convertisseurs à IGBT commandés en MLI, [POI 03].

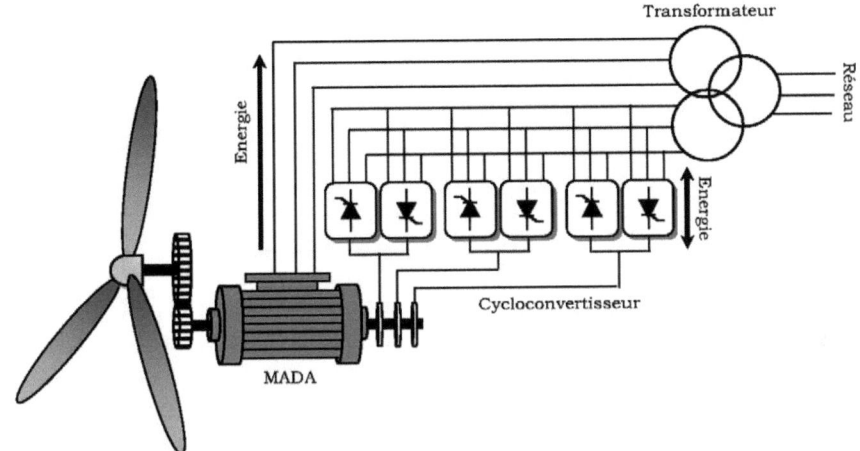

Fig. I. 29 : Structure de Scherbius avec cycloconvertisseur.

I.5.3.6 MADA avec structure de Scherbius

Une autre structure intéressante (figure I.30) utilise deux ponts triphasés d'IGBT commandables à l'ouverture et à la fermeture et leur fréquence de commutation est plus élevée que celle des GTO, [POI 03].

L'utilisation de ce type de convertisseur permet d'obtenir des allures de signaux de sortie en modulation de largeur d'impulsions, dont la modularité permet de limiter les perturbations en modifiant le spectre fréquentiel du signal (rejet des premiers harmoniques non nuls vers les fréquences élevées), [HAM 08], [POI 03].

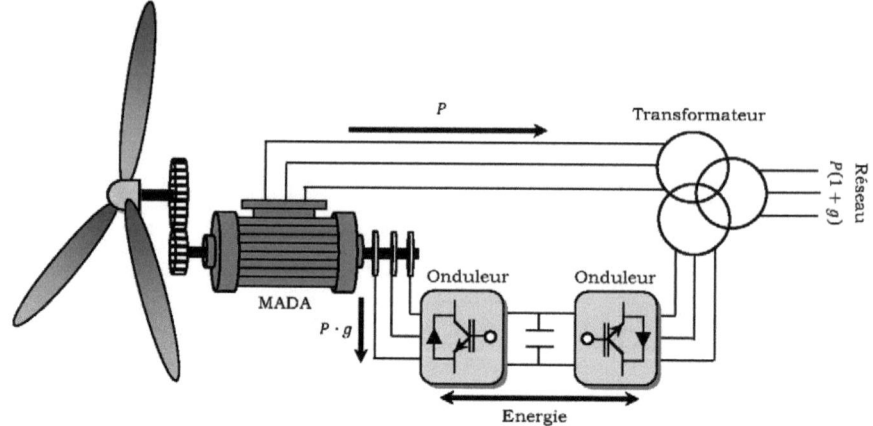

Fig. I. 30 : Structure de Scherbius avec convertisseurs MLI

Ce choix permet un contrôle du flux et de la vitesse de rotation de la génératrice asynchrone du coté de la machine et un contrôle des puissances active et réactive transitées du côté réseau, [POI 03], [HAM 08]. Cette configuration hérite des mêmes caractéristiques que la structure précédente. La puissance rotorique est bidirectionnelle, la bidirectionnalité du convertisseur rotorique autorise les fonctionnements hyper et hypo synchrone et le contrôle du facteur de puissance côté réseau, [POI 03], [HAM 08]. Il est à noter cependant que le fonctionnement en MLI de l'onduleur du côté réseau permet un prélèvement des courants de meilleure qualité, [HAM 08].

Cette machine est un peu plus complexe que de la machine asynchrone à cage avec laquelle elle a en commun de nécessiter un multiplicateur de vitesse. Leur robustesse est légèrement diminuée par la présence de système à bagues et balais, mais le bénéfice du fonctionnement à vitesse variable est un avantage suffisant pour que de très nombreux fabricants (Vestas, Gamesa,...) utilisent ce type de machines, [MIR 05].

Le résumé des points forts de la MADA sont, [LOP 06]. :

- Sa capacité de commander la puissance réactive et, de cette façon, de découpler la commande des puissances active et réactive.
- Il peut se magnétiser à partir du rotor sans prélever au réseau la puissance réactive nécessaire.
- Il est capable d'échanger de la puissance réactive avec le réseau pour faire la commande de tension.

I.5.3.7 MADA en cascade

Les travaux de recherche [KAT 01], [PAT 05], [PAT 06], [PAT 09], [ADA 07], [ADA 08], [ADA 09], [HOP 99], [HOP 00], [HOP 01], [ORT 84], [BOA 01], [JAL 09], [PRO 09], [SON 01], [CHI 01], [LI 01], [WAL 90], [SMI 66], [BAS 03], ont été effectués sur le couplage de deux MADA.

Cette configuration de machine essai d'allier les avantages de la MAS et de la MADA. Elle peut être considérée comme la première réalisation pratique d'une machine asynchrone à double alimentation sans balais [HOP-01]. Un des bobinages du stator, appelé Bobinage de Puissance (BP), est directement relié au réseau, tandis que l'autre, appelé Bobinage de Commande (BC), est alimenté par un convertisseur bidirectionnel (voir la figure I.31). La puissance à travers l'ensemble convertisseur/BC est proportionnelle au glissement. La maîtrise de l'état électromagnétique de la machine est assurée par le BC, ce qui permet de générer dans le BP une tension à la fréquence et amplitude nominales du réseau même si le rotor s'éloigne de la vitesse synchronique, [POZ 03], [KHO 06], [VID 04], [AMI 08].

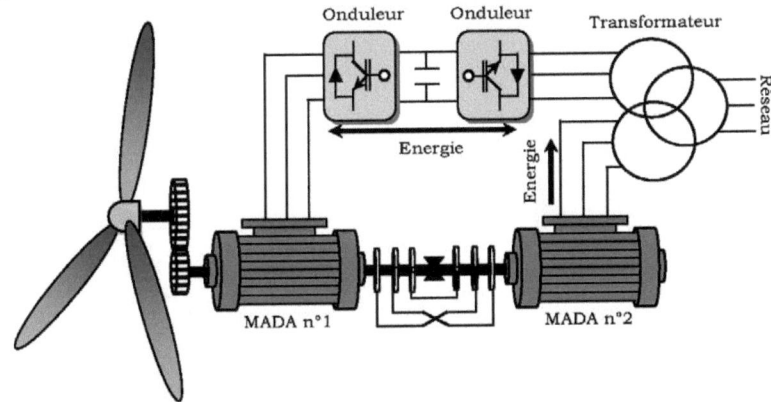

Fig. I. 31 : SCEE avec de deux machines asynchrones en cascade.

En partant du concept initial, on peut essayer d'optimiser des aspects telles que l'encombrement, la robustesse, etc. Les deux stators peuvent être inclus dans la même carcasse et le rotor peut adopter une structure à cage (voir la figure I.32) [HOP 01], [POZ 03]. Les barres rotoriques sont croisées entre les deux machines, [VID 04].

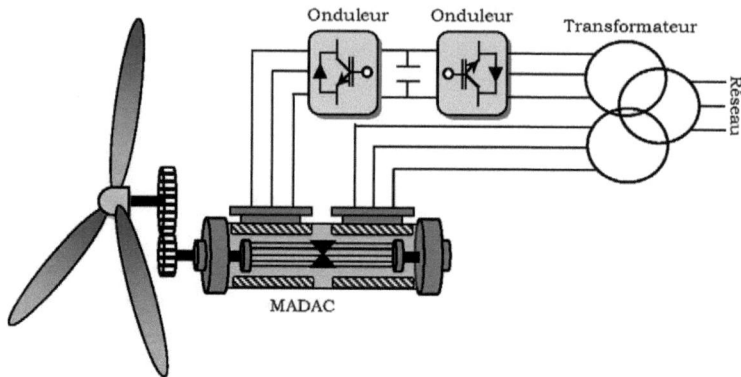

Fig. I. 32 : Machines en cascade avec une carcasse unique.

I.5.3.8 MADA sans balais (BDFM)

La cascade est une association de deux MADA que nous considérons comme distinctes (i.e. indépendantes). Afin d'optimiser et d'éviter l'encombrement de celui-ci. On place les enroulements des deux MADA dans des encoches communes : on parle alors en langue anglaise de BDFM (Brushless Doubly Fed Machine) [ABD 08d], [POZ 03]. Dans une telle machine, des couplages magnétiques entre bobinages sont inévitables et il y a des précautions à prendre dans la conception pour les rendre nuls, en théorie, ou tout du moins aussi faibles que possibles en pratique. Le point essentiel porte sur les nombres de paires de pôles des deux bobinages. Afin d'obtenir deux bobinages découplés magnétiquement, il faut que le flux créé par le stator de l'une ait une résultante nulle sur le stator de l'autre. Il est aisé de découpler deux bobinages en les plaçant en quadrature. Ou, ici nous devons découpler des enroulements triphasés entre eux et il n'est donc pas possible dans ce cas d'obtenir un découplage par un simple décalage angulaire. On proposera plutôt un découplage par un choix judicieux des nombres de paires de pôles des deux bobinages, comme cela est illustré par le schéma de la figure I.33. On notera que le cage d'ecureille peut être reconstruit sous la forme d'une cage spéciale (voir la figure I.34) d'après [MIC 95]. La construction du rotor est faite d'une façon à respecter le couplage magnétique croisé entre les deux bobinages statoriques. [WIL 97a], [WIL 97b], [POZ 03].

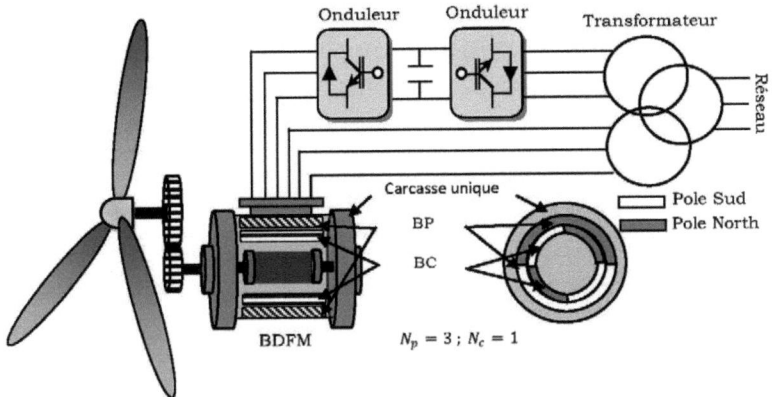

Fig. I. 33 : BDFM avec rotor à cage spécial.

Fig. I. 34 : Rotor de la BDFM [ABD 08].

La BDFM fut proposée par René Spée (et autres) de l'Oregon State University (USA). A partir des premiers résultats de leur recherche, ils ont réalisé un brevet sur la conception de la machine et du modèle en régime permanent [POZ 03]. Pendant la décade des années 90 ils ont publié des études diverses comprenant la conception, la modélisation [LI 91] et la commande de la machine [ZHO 97].Cette machine fera l'objet d'une étude détaillée dans les chapitres suivants.

Les avantages potentiels de la BDFM sont, [POZ 03] :
- Dimensionnement du convertisseur à une puissance plus petite que la puissance nominale de génération (avantage équivalent à celui de la MADA) ;
- Machine robuste avec une capacité de surcharge grande ;
- Facilité d'installation dans des environnements hostiles (avantage équivalent à celui de la MAS) ;
- Coûts d'installation et de maintenance réduit par rapport à la topologie MADA.

- Élimination des oscillations produites par le rotor bobiné.

I.5.4 Comparaison des topologies et choix de la BDFM

Le tableau suivant synthétise les caractéristiques principales de différentes machines de grande puissance utilisées dans les applications éoliennes :

	1ère génération MAS	2ème génération MADA	3ème génération BDFM
Limitation de la plage de vitesse	Non	oui	oui
Puissance du convertisseur	100% de la P_e	25% de la P_e	25% de la P_e
Distorsion harmonique	Haute	Basse	Basse
Cout de maintenance	Bas	Moyen/Haut	Bas
Cout de l'ensemble machine-convertisseur	Moyen/Haut	Moyen	Moyen/Bas
Robustesse, fiabilité	Haute	Moyenne	Haute

Tab. I. 1 : Comparaison de différentes machines utilisées dans le SCE, [POZ 03].

I.6 Convertisseurs de puissance

La gamme de convertisseurs statiques disponible pour les machines électriques que ce soit en courant continu ou alternatif, est caractérisée par une grande diversité de montages et de versions (figure I.35), [BOU 00]. Cette section présente ceux qui sont d'utilisation courante dans le domaine des énergies éoliennes.

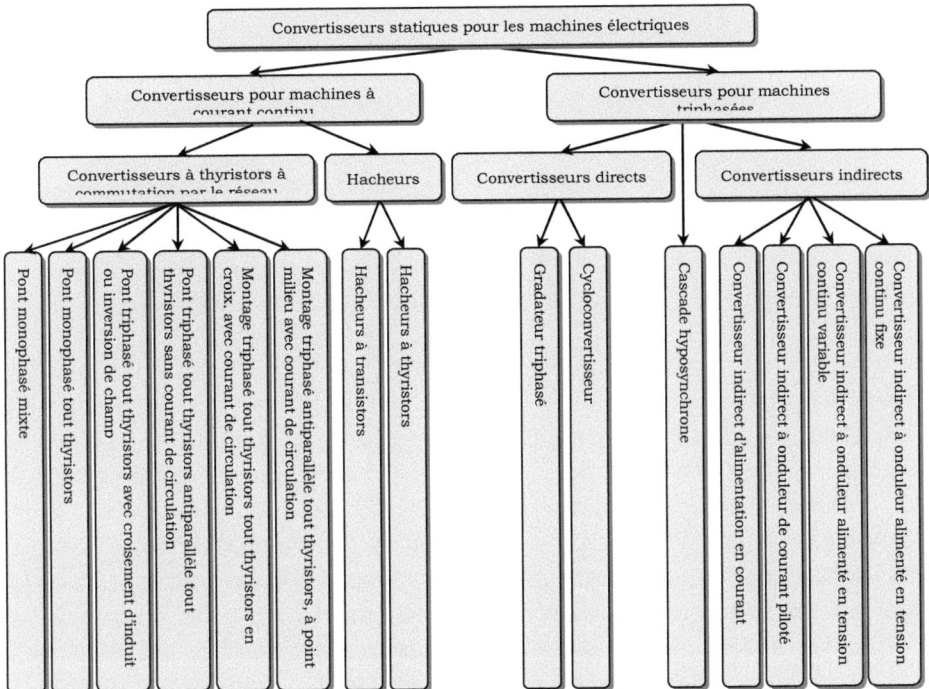

Fig. I. 35 : classification des convertisseurs statiques pour entrainements électriques, [BOU 00].

La conversion de puissance considérée est formée par deux onduleurs de tension en cascades équipés avec des dispositifs semi-conducteurs IGBT et connectés au travers d'un bus de courant continu. Cette cascade de convertisseurs a certains avantages par rapport à d'autres systèmes tels que le système Kramer et Scherbious [CAM 03] :

- Le flux d'énergie entre la machine et le réseau est bidirectionnel. Les limites de ce flux reposent sur la marge de variation de la vitesse de rotation. Celle-ci est imposée par les limites électriques et mécaniques du système.
- Le fonctionnement autour de la vitesse de synchronisme est adéquat.
- Il y a une faible distorsion des tensions et courants de la BC ainsi que des courants du BP.
- Les commandes du couple de la machine électrique et de la puissance réactive injectée par la machine sont indépendantes.
- Il est possible de contrôler le facteur de puissance de l'installation.

I.7 Conclusion

Ce chapitre nous a permis de dresser un panel de solutions électrotechniques possibles pour la production d'énergie électrique grâce à des turbines éoliennes. Après un rappel de notions nécessaires à la compréhension du système de conversion de l'énergie éolienne, différents types d'éoliennes et leur mode de fonctionnement ont été décrits. Et par la suite des machines électriques et leurs convertisseurs associés, adaptables à un système éolien ont été présentés. Trois grandes familles de machines sont présentées : machines asynchrones, machine synchrones et machines à structure spéciale.

Le dispositif basé sur la machine asynchrone à double alimentation sans balais regroupant les avantages de la MAS et de la MADA présente un bon compromis entre la plage de variation de vitesse qu'il autorise et la taille du convertisseur par rapport à la puissance nominale de la machine. Le prochain chapitre, sera consacré à la modélisation et simulation de SCEE sous MATLAB.

Chapitre II
Modélisation et Simulation du Système de conversion d'Energie Eolienne

II.1 Introduction

Ce chapitre est composé de trois parties :
Une première partie est consacrée à la modélisation et à la simulation de la partie mécanique de l'éolienne, et où le modèle du vent et son évolution seront étudiés de façon détaillées. Par la suite on calculera la puissance maximale pouvant être extraite à l'aide de la limite de Betz. Et enfin, en terminera la première partie par des résultats de simulation pour vérifier les modèles du système à étudier.

La deuxième partie est consacrée à la modélisation de la machine asynchrone à double alimentation sans balais (BDFM). Elle sera clôturée par une simulation de cette machine en fonctionnement génératrice.

Dans la troisième et dernière partie nous présenterons la modélisation du convertisseur AC-DC-AC qui alimentera la BDFM via le bobinage de commande.

II.1 Logiciel de simulation MATLAB/Simulink

MATLAB, c'est un logiciel de calcul matriciel très répandu dans le monde académique et de la recherche [BOU 99]. Quelques caractéristiques avantageuses de ce logiciel sont sa puissance, sa robustesse et le fait qu'il présente différents algorithmes d'intégration à pas variables [BOU 99]. L'un des outils très importants de MATLAB est le logiciel d'accompagnement Simulink qui, doté d'une capacité très intéressante de travail interactif avec l'utilisateur, facilite grandement la simulation des systèmes dynamiques linéaires et non linéaires [BOU 99].

Il existe plusieurs simulateurs disponibles pour l'analyse des systèmes. Les principales méthodes d'analyse sont :

- **L'analyse par variables d'état** : elle consiste à formuler les équations d'état qui régissent le système à analyser et à les résoudre par des méthodes numériques.
- **L'analyse nodale** : elle est basée sur l'application de la loi des nœuds de Kirchoff à chaque nœud du circuit à analyser.
- **L'analyse nodale modifiée** : elle est basée sur la méthode nodale classique avec la particularité d'inclure des éléments de circuit supplémentaires comme des sources de tension et des éléments variant en fonction du courant.
- **L'analyse par moyenne des variables d'état** : elle utilise une technique de conversion par la moyenne des variables d'état.

Dans ce projet, on utilise les deux premiers types d'analyse respectivement pour l'analyse des composantes électromécaniques du système de conversion d'énergie éolienne.

II.2. Description du système de conversion d'énergie éolienne

Le système de conversion d'énergie éolienne (SCEE) étudié dans ce projet, basé sur une BDFM, est illustré à la figure II.1.

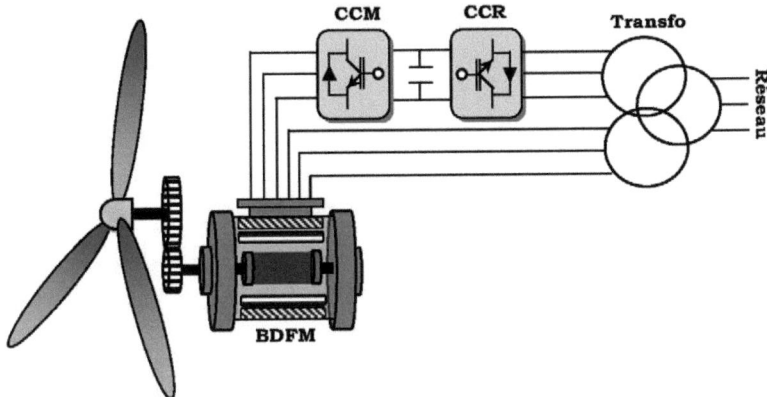

Fig. II. 1: Système éolien à vitesse variable basé sur une BDFM.

La turbine, via un multiplicateur, entraine la BDFM, laquelle est raccordée au réseau électrique directement par le bobinage de puissance (BP) mais également au travers de convertisseurs statiques triphasés à IGBT (Insulated Gate Bipolar Transistor) par le bobinage de commande (BP). Ces Convertisseurs Côtés Machine et Réseau, notés respectivement CCM et CCR dans la suite, sont commandés en Modulation de Largeur d'Impulsion (MLI) [GAI 10].

Un fonctionnement en mode hypo ou hypersynchrone est possible grâce à la bidirectionnalité des convertisseurs [GAI 10] [ADA 09]. Le fonctionnement en mode hypersynchrone permet de transférer de l'énergie électrique du BP vers le réseau mais également du BC vers le réseau, ce qui confère au système éolien un rendement élevé [GAI 10]. Aussi, au point de raccordement de l'éolienne avec le réseau électrique on peut également imposer le facteur de puissance via le contrôle des puissances réactives dans les différentes commandes des convertisseurs.

L'intérêt majeur de ce système éolien réside dans le fait que le CCM et le CCR, transférant la puissance de glissement et l'acheminant vers le réseau électrique.

Nous allons maintenant étudier la transformation de l'énergie cinétique du vent en énergie électrique en modélisant les différents éléments de la chaîne de conversion électromécanique de l'éolienne.

II.3 Modélisation de la partie mécanique de l'éolienne

Dans cette partie, on présente les principes de base de l'interaction entre les pales de la turbine éolienne et le vent pour en déduire les expressions simplifiées de la puissance convertie. Les différentes techniques de limitation ou de contrôle de cette puissance sont ensuite brièvement exposées.

Le dispositif, qui est étudié ici, est illustré comme suit :

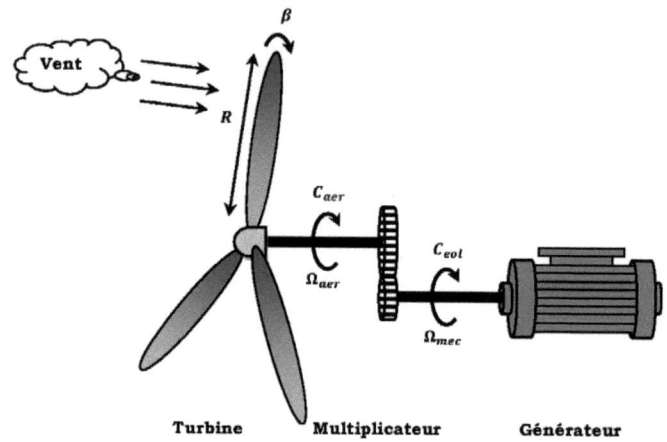

Fig. II. 2 : Schéma de la turbine éolienne

II.3.1 Modèle du vent

Les propriétés dynamiques du vent sont capitales pour l'étude de l'ensemble du système de conversion d'énergie car la puissance éolienne, dans les conditions optimales, évolue au cube de la vitesse du vent. La vitesse du vent est un vecteur tridimensionnel. Néanmoins, la direction du vecteur de vitesse du vent considéré dans ce modèle se limite à une dimension, [ABD 07].

La vitesse du vent est généralement représentée par une fonction scalaire qui évolue dans le temps.

$$v_V = f(t) \tag{II.1}$$

La vitesse du vent sera modélisée, dans cette partie, sous forme déterministe par une somme de plusieurs harmoniques [ABD 07] :

$$v_V(t) = 10 + 0.2sin(0.1047t) + 2sin(0.2665t) + sin(1.2930t) + 0.2sin(3.6645t) \tag{II.2}$$

Il est à signaler que ce profil de vent particulier correspond à des mesures effectuées par EDF sur le site du canal des dunes [ABD 07].

II.3.2 Modèle du disque actif, [JOU 07]

En mécanique des fluides, le disque actif est défini comme une surface de discontinuité où des forces de surface agissent sur l'écoulement. Ce modèle est extrêmement simplifié et repose sur les hypothèses suivantes :

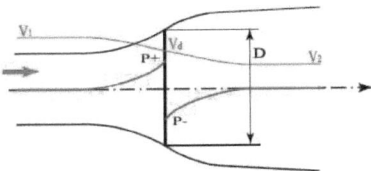

Fig. II. 3 : Modélisation du rotor éolien par un disque actif, [JOU 07].

La géométrie du rotor est effacée et ce dernier n'est représenté que par un disque d'épaisseur nulle de diamètre D.

Le fluide est incompressible, non visqueux et non pesant.

Les vitesses V_1 à l'infini amont, V_d dans le plan du disque et V_2 dans la veine à l'infini aval sont uniformes et axiales.

L'énergie spécifique de l'écoulement comporte deux parties : cinétique et potentielle de pression.

La vitesse axiale dans le plan de rotation est définie en fonction de la vitesse à l'infini amont par l'introduction du facteur d'induction axial a, soit :

$$V_d = (1 - a)V_1 \quad (II.3)$$

II.3.2.1 Equation de continuité

L'application de l'équation de continuité permet d'écrire :

$$\rho A_1 V_1 = \rho A_d V_d = \rho A_2 V_2 \quad (II.4)$$

II.3.2.2 Bilan de quantité de mouvement

Quand le vent passe dans le tube de courant comportant le disque actif, il y a un changement de vitesse égal à $(V_1 - V_2)$, et le taux de variation de quantité de mouvement est égal à la somme des efforts extérieurs appliqués. Comme le tube de courant est complètement entouré par le vent à la pression atmosphérique, les forces à l'origine du changement de quantité de mouvement viennent uniquement de la différence de pression créée par le disque actif, [JOU 07] :

$$(P_d^+ - P_d^-)A_d = (V_1 - V_2)\rho A_d V_1 (1 - a) \quad (II.5)$$

Pour obtenir la différence de pression, nous utilisons l'équation de Bernoulli entre l'infini amont et le disque et entre le disque et l'infini aval, [JOU 07] :

A l'amont,
$$P_1 + \frac{1}{2}\rho V_1^2 = P_d^+ + \frac{1}{2}\rho V_d^2 \quad (II.6)$$

A l'aval,
$$P_1 + \frac{1}{2}\rho V_1^2 = P_d^- + \frac{1}{2}\rho V_d^2 \quad (II.7)$$

D'où :
$$\Delta P = P_d^+ - P_d^- = \frac{1}{2}\rho(V_1^2 - V_2^2) \quad (II.8)$$

A l'aide des équations (II.3), (II.5) et (II.8) on trouve que :
$$V_2 = (1 - 2a)V_1 \quad (II.9)$$

En comparant les équations (II.3) et (II.9) on trouve que la vitesse induite dans le plan du rotor est égale à la moitié de la vitesse induite à l'infini aval, [JOU 07].

II.3.2.3 Coefficient de puissance

D'après les équations (II.5) et (II.9), on exprime la force appliquée sur le disque actif [JOU 07]:
$$F_{force} = (P_d^+ - P_d^-)A_d = 2\rho A_d V_1^2 a(1 - a) \quad (II.10)$$

La puissance transmise au disque est :
$$P = F_{force} V_d = 2\rho A_d V_1^3 a(1 - a)^2 \quad (II.11)$$

Le coefficient de puissance est défini par le rapport entre la puissance transmise au disque actif et une valeur de référence correspondant à la puissance du vent amont traversant une surface égale à celle du disque actif, [JOU 07] :
$$C_P = \frac{2\rho A_d V_1^3 a(1 - a)^2}{\frac{1}{2}\rho V_1^3 A_d} \quad (II.12)$$

Donc
$$C_P = 4a(1 - a)^2 \quad (II.13)$$

II.3.2.4 Limite de Betz

L'équation (II.13) montre que le coefficient de puissance dépend du facteur d'induction axial a. La valeur maximale de C_P est déterminée par, [JOU 07] :
$$\frac{dC_P}{da} = 4a(1 - a)(1 - 3a) = 0 \quad (II.14)$$

Soit

$$a = \frac{1}{3}$$

Ce qui correspond à,

$$C_{Pmax} = \frac{16}{27} = 0.593 \quad \text{(II.15)}$$

Cette valeur est appelée la limite de Betz et montre la limite supérieure théorique de la puissance que l'on peut extraire du vent incident avec une éolienne, [JOU 07].

II.3.3 Action du vent sur les pales de la turbine

L'action de l'air en mouvement va se traduire par des forces appliquées en chaque point de la surface. Les pales ont un profil aérodynamique présenté sur le schéma de la figure II.4, [LAV 05].

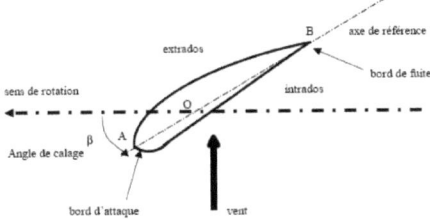

Fig. II. 4 : Eléments caractéristiques d'une pale, [LAV 05].

On remarque plus particulièrement les éléments suivants, [LAV 05] :
- Extrados : dessus de la pale
- Intrados : dessous de la pale
- Corde : longueur/du profil du bord d'attaque au bord de fuite
- Angle de calage β (inclinaison de l'axe de référence par rapport au plan de rotation)

Les profils sont généralement de type plan-convexe (l'intrados est plan alors que l'extrados est convexe) ou alors biconvexe (l'intrados et l'extrados sont convexes). Ils sont normalisés et les paramètres sont bien définis, [LAV 05].

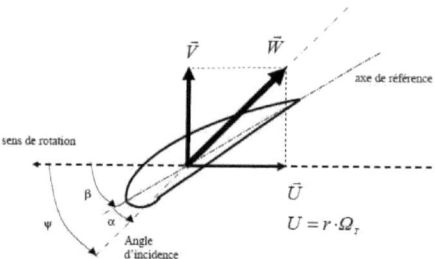

Fig. II. 5 : Directions du vent sur un tronçon de pale, [LAV 05]

Du fait de la rotation de la pale, le « tronçon » de largeur dr situe à une distance r du moyeu est soumis à la fois au vent incident de vitesse $\vec{V}$ et à un vent relatif de vitesse $\vec{U}$ dirigée dans le sens contraire de la rotation de vitesse Ω_T, [LAV 05].

$$U = r \cdot \Omega_T \tag{II.16}$$

La vitesse résultante $\vec{W}$ du vent « apparent » s'écrit donc :

$$\vec{W} = \vec{V} + \vec{U} \tag{II.17}$$

La vitesse résultante du vent « apparent » $\vec{W}$ fait un angle d'attaque ψ avec le plan de rotation. Cet angle s'écrit :

$$\psi = Arctan\left(\frac{V}{U}\right) \tag{II.18}$$

On introduit alors l'angle dit d'incidence, noté α entre l'axe de référence de la pale β et la direction du vent apparent ψ :

$$\alpha = \psi - \beta \tag{II.19}$$

L'action du vent relatif sur un profil aérodynamique engendre sur la section de pale de largeur dr et de longueur de corde l à une distance r de l'axe de rotation une force résultante $d\vec{F}$:

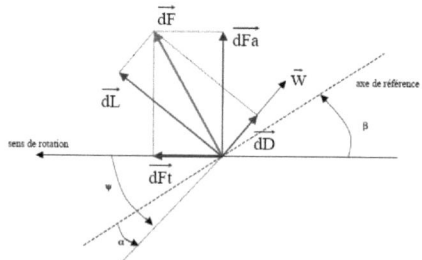

Fig. II. 6 : Forces appliquées sur un élément de pale, [LAV 05].

On peut décomposer la force résultante $d\vec{F}$ de la manière suivante :
- la portance $d\vec{L}$, normale à la direction du vent apparent ;
- la force de trainée $d\vec{D}$, parallèle à la direction du vent.

On peut aussi la décomposer d'une autre manière :
- la poussée axiale $d\vec{F_a}$, perpendiculaire au plan de rotation ;
- la poussée tangentielle $d\vec{F_t}$, dans la direction de rotation.

On déduit aisément les expressions de la poussée axiale et tangentielle en fonction de la portance et de la trainée à partir du schéma précédent, [LAV 05] :

$$dF_t = dL \cdot sin(\psi) - dD \cdot cos(\psi)$$
$$dF_a = dL \cdot cos(\psi) + dD \cdot sin(\psi)$$
(II.20)

C'est le couple résultant de l'ensemble des forces tangentielles qui va provoquer la rotation de la turbine.

Les modules des forces dL et dD s'expriment en fonction de deux coefficients, le coefficient de portance C_L et le coefficient de trainée C_D, [LAV 05]:

$$dL = \frac{1}{2} \cdot \rho \cdot W^2 \cdot dA \cdot C_L$$
$$dD = \frac{1}{2} \cdot \rho \cdot W^2 \cdot dA \cdot C_D$$
(II.21)

Ces coefficients C_L et C_D dépendent fortement de l'angle d'incidence α (Figure II.6). Pour des angles α faibles, l'écoulement de l'air le long de la pale est laminaire et est plus rapide sur l'extrados que sur l'intrados. La dépression qui en résulte à l'extrados crée la portance. C'est cette force qui soulève un avion et qui lui permet de voler. Ici, elle « aspire » la pale vers l'avant. Si α augmente, la portance augmente jusqu'à un certain point puis l'écoulement devient turbulent. Du coup, la portance résultant de la dépression sur l'extrados disparait. Ce phénomène s'appelle le décrochage aérodynamique, [LAV 05].

Cependant, les concepteurs de pales ne se préoccupent pas uniquement de la portance et du décrochage. Ils prêtent également beaucoup d'attention à la résistance de l'air, appelée aussi dans le langage technique de l'aérodynamique, la trainée. La trainée augmente en général si la surface exposée à la direction de l'écoulement de l'air augmente. Ce phénomène apparaitra ici pour des angles α importants, [LAV 05].

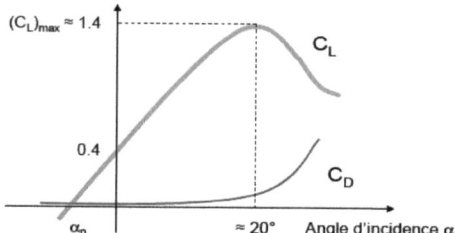

Fig. II. 7 : Evolution des coefficients de portance C_L et de trainée C_D, [LAV 05].

L'intégration le long des N_p pales (généralement $N_p = 3$) des couples élémentaires exercés sur chaque « tronçon » :

$$d\Gamma_t = N_p \cdot r \cdot dF_t \qquad (\text{II.22})$$

Permet d'obtenir après calcul le couple Γ_T puis l'expression de la puissance captée par :

$$P_{aer} = \Gamma_{aer} \cdot \Omega_{aer} \qquad (\text{II.23})$$

Par ailleurs, on connait la puissance disponible par dérivation de l'énergie cinétique de la masse d'air traversant la surface S balayée par la turbine :

$$P_{disp} = \frac{1}{2} \cdot S \cdot \rho \cdot V^3 \qquad (\text{II.24})$$

Dans cette expression, V représente la vitesse du vent supposée uniforme et horizontale sur toute la surface S. On peut en déduire le coefficient de puissance par :

$$C_p = \frac{P_{aer}}{P_{disp}} \qquad (\text{II.25})$$

Ce coefficient C_p est donc bien spécifique à la turbine considérée ; il dépend des variables V et Ω_T et du paramètre β. Plus généralement, on regroupe les deux variables pour définir une nouvelle variable λ appelée rapport de vitesse ou «tip speed ratio» (TSR) en anglais, [LAV 05].

$$\lambda = \frac{R_{aer} \cdot \Omega_{aer}}{V} \qquad (\text{II.26})$$

Le coefficient de puissance pour ce type de turbine est donné par l'équation suivante [ELA 04] :

$$C_P = (0.5 - 0.167 * (\beta - 2))$$
$$\cdot \sin\left[\frac{\pi \cdot (\lambda + 0.1)}{18.5 - 0.3(\beta - 2)}\right] - 0.00184 \cdot (\lambda - 3) \quad \text{(II.27)}$$
$$\cdot (\beta - 2)$$

La puissance captée par la turbine pourra donc s'écrire :

$$P_{aer} = \frac{1}{2} \cdot S \cdot \rho \cdot C_P(\beta, \lambda) \cdot V^3 \quad \text{(II.28)}$$

Connaissant la vitesse de la turbine, le couple capté par la turbine est donc directement déterminé par :

$$C_{aer} = \frac{P_{aer}}{\Omega_{aer}} = C_P(\beta, \lambda) \cdot \frac{S \cdot \rho \cdot V^3}{2} \cdot \frac{1}{\Omega_{aer}} \quad \text{(II.29)}$$

II.3.4 Modèle du multiplicateur

Le multiplicateur adapte la vitesse (lente) de la turbine à la vitesse de la génératrice (figure II.1). Ce multiplicateur est modélisé mathématiquement à partir du nombre de dents des pignons, comme suit [SCH 12] :

$$G = \frac{Z_G}{Z_T} \quad \text{(II.30)}$$

$$G = \frac{C_{aer}}{C_g} = \frac{\Omega_{méc}}{\Omega_{aer}} \quad \text{(II.31)}$$

Où Z_G et Z_T sont les nombres de dents des pignons côté générateur et côté turbine respectivement.

II.3.5 Equation dynamique de l'arbre

La masse de la turbine éolienne est amenée sur l'arbre de la turbine sous la forme d'une inertie J_T et comprend la masse des pales et la masse du rotor de la turbine. Le modèle mécanique proposé considère l'inertie totale J constituée de l'inertie de la turbine amenée sur le rotor de la génératrice et de l'inertie de la génératrice, [ELA 04].

$$J = \frac{J_T}{G^2} + J_g \quad \text{(II.32)}$$

Il est à noter que l'inertie du rotor de la génératrice est très faible par rapport à l'inertie de la turbine reportée par cet axe.

L''equation fondamentale de la dynamique permet de déterminer l''evolution de la vitesse mécanique à partir du couple mécanique total ($C_{méc}$) appliqué au rotor, [ELA 04] :

$$J \cdot \frac{d\Omega_{méc}}{dt} = C_{méc} \quad \text{(II.33)}$$

Chapitre II : Modélisation et Simulation de Système de Conversion d'Energie Eolienne

Où J est l'inertie totale qui apparait sur le rotor de la génératrice. Ce couple mécanique prend en compte, le couple électromagnétique C_{em} produit par la génératrice, le couple des frottements visqueux C_{vis}, et le couple issu du multiplicateur C_g, [ELA 04].

$$C_{m\acute{e}c} = C_g - C_{em} - C_{vis} \qquad (II.34)$$

Le couple résistant est modélisé par un coefficient de frottements visqueux f :

$$C_{vis} = f \cdot \Omega_{m\acute{e}c} \qquad (II.35)$$

Le schéma bloc (Figure II.8) correspondant à cette modélisation de la turbine se déduit aisément des équations précédentes. Cette dernière génère le couple aérodynamique $C_{a\acute{e}r}$ qui est appliqué au multiplicateur. Les entrées de la turbine sont la vitesse du vent V, l'angle d'orientation des pales β, et la vitesse de rotation de la turbine Ω_{aer}. Le modèle du multiplicateur transforme la vitesse mécanique $\Omega_{m\acute{e}c}$ et le couple aérodynamique $C_{a\acute{e}r}$ respectivement en vitesse de la turbine Ω_{aer} et en couple de multiplicateur C_g. Le modèle de l'arbre décrit la dynamique de la vitesse mécanique $\Omega_{m\acute{e}c}$, il a donc deux entrées : le couple du multiplicateur C_g, le couple électromagnétique C_{em} fourni par la génératrice, [ELA 04].

Le schéma montre que la vitesse de la turbine Ω_{aer} peut être contrôlée par action sur deux entrées : l'angle de la pale β et le couple électromagnétique de la génératrice C_{em}. La vitesse du vent V est considérée comme une entrée perturbatrice à ce système, [ELA 04].

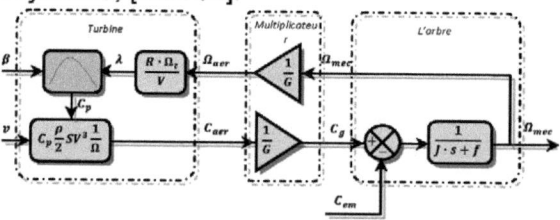

Fig. II. 8 : Schéma bloc du modèle de la turbine, [ELA 04].

II.3.6 Techniques d'extraction du maximum de la puissance
II.3.6.1 Bilan des puissances

L'équation (II.28) quantifie la puissance capturée par la turbine éolienne. Cette puissance peut être essentiellement maximisée en ajustant le coefficient C_p. Ce coefficient étant dépendant de la vitesse de la génératrice (ou encore du ratio de vitesse λ), l'utilisation d'une éolienne à vitesse variable permet de maximiser cette puissance. Il est donc nécessaire de concevoir des stratégies de commande permettant de maximiser la puissance électrique générée (donc le couple) en ajustant la vitesse de rotation de la turbine à sa valeur de référence quelque soit la vitesse du vent considérée comme grandeur perturbatrice. En régime permanent, la puissance aérodynamique P_{aer} diminuée des pertes (représentées par les frottements visqueux) est convertie directement en puissance électrique (Figure II.9), [ELA 04].

$$P_{ele} = P_{aer} - P_{pertes} \qquad (II.36)$$

La puissance mécanique stockée dans l'inertie totale J et apparaissant sur l'arbre de la génératrice $P_{méc}$ est exprimée comme étant le produit entre le couple mécanique C_{mec} et la vitesse mécanique Ω_{mec} :

$$P_{mec} = C_{mec} \cdot \Omega_{mec} \qquad (II.37)$$

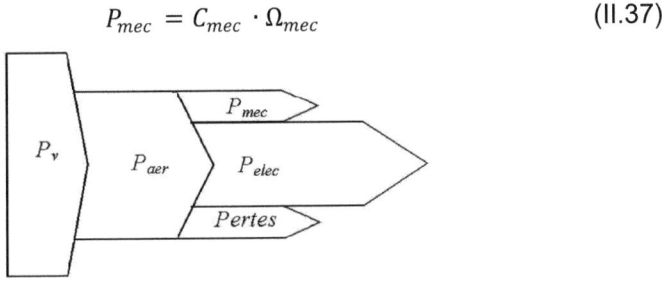

Fig. II. 9 : Diagramme de conversion de puissance, [ELA 04].

Dans cette partie, nous présenterons différentes stratégies pour contrôler le couple électromagnétique (et indirectement la puissance électromagnétique convertie) afin de régler la vitesse mécanique de manière à maximiser la puissance électrique générée (Figure I.14). Ce principe est connu sous la terminologie Maximum Power Point Tracking (MPPT) et correspond à la zone 2 de la caractéristique de fonctionnement de l'éolienne (Figure I.15). On distingue deux familles de structures de commande qui sont maintenant expliquées (Figure II.10) [ELA 04] :
- Le contrôle par asservissement de la vitesse mécanique ;
- Le contrôle sans asservissement de la vitesse mécanique.

Fig. II. 10 : Stratégies de commande de la turbine étudiée, [ELA 04].

II.3.6.2 Maximisation de la puissance avec asservissement de la vitesse

II.3.6.2.1 Principe général

Le vent est une grandeur stochastique, de nature très fluctuante. Le schéma bloc de la figure II.11 montre clairement que les fluctuations du vent constituent la perturbation principale de la chaine de conversion éolienne et créent donc des variations de puissance, [ELA 04].

Pour cette étude, on supposera que la machine électrique et son variateur sont idéaux et donc, que quelle que soit la puissance générée, le couple électromagnétique développé est à tout instant égal à sa valeur de référence, [ELA 04].

$$C_{em} = C_{em-ref} \qquad (II.38)$$

Les techniques d'extraction du maximum de puissance consistent à déterminer la vitesse de la turbine qui permet d'obtenir le maximum de puissance générée. Plusieurs dispositifs de commande peuvent être imaginés, [ELA 04].

Comme expliqué précédemment, la vitesse est influencée par l'application de trois couples : un couple éolien, un couple électromagnétique et un couple résistant. En regroupant l'action de ces trois couples, la vitesse mécanique n'est plus régie que par l'action de deux couples, le couple issu du multiplicateur C_g et le couple électromagnétique C_{em}, [ELA 04]:

$$\frac{d\Omega_{mec}}{dt} = \frac{1}{J} \cdot (C_g - f \cdot \Omega_{mec} - C_{em}) \qquad (II.39)$$

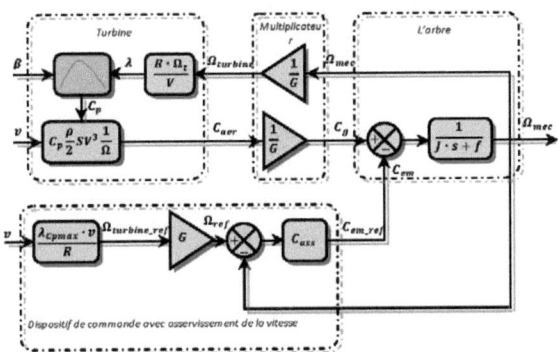

Fig. II. 11 : Schéma bloc de la maximisation de la puissance avec asservissement de la vitesse, [ELA 04].

Cette structure de commande consiste à régler le couple apparaissant sur l'arbre de la turbine de manière à fixer sa vitesse à une référence. Cela est réalisé, en utilisant l'asservissement de la vitesse.

Le couple électromagnétique de référence C_{em-ref} permettant d'obtenir une vitesse mécanique de la génératrice égale à la vitesse de référence Ω_{ref} :

$$C_{em-ref} = C_{ass} \cdot (\Omega_{ref} - \Omega_{mec}) \qquad (II.40)$$

Cette vitesse de référence dépend de la vitesse de la turbine à fixer $(\Omega_{aer-ref})$ pour maximiser la puissance extraite. En prenant en compte le gain du multiplicateur, on a donc :

$$\Omega_{ref} = G \cdot \Omega_{aer-ref} \qquad (II.41)$$

La référence de la vitesse de la turbine correspond à celle correspondant à la valeur optimale du ratio de vitesse $\lambda_{C_{pmax}}$ (à β constant et égal à 2°) permettant d'obtenir la valeur maximale du C_P (Figure II.12).

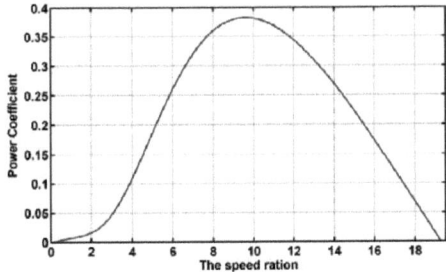

Fig. II. 12 : Fonctionnement optimal de la turbine.

Où

$$\Omega_{aer-ref} = \frac{\lambda_{C_{pmax}} \cdot v}{R} \quad \text{(II.42)}$$

En pratique, une mesure précise de la vitesse du vent est difficile à réaliser. Ceci pour deux raisons, [ELA 04]:
- L'anémomètre est situé derrière le rotor de la turbine, ce qui rend la lecture de la vitesse du vent erronée, [ELA 04].
- Ensuite, le diamètre de la surface balayée par les pales étant important (typiquement 4.6 m pour une éolienne de 2.65 kW), une variation sensible du vent apparait selon la hauteur où se trouve l'anémomètre. L'utilisation d'un seul anémomètre conduit donc à n'utiliser qu'une mesure locale de la vitesse du vent qui n'est donc pas suffisamment représentative de sa valeur moyenne apparaissant sur l'ensemble des pales, [ELA 04].

Une mesure erronée de la vitesse conduit donc forcément à une dégradation de la puissance captée selon la technique d'extraction précédente. C'est pourquoi la plupart des turbines éoliennes sont contrôlées sans asservissement de la vitesse [ELA 04].

II.3.6.3 Maximisation de la puissance sans asservissement de la vitesse, [ELA 04]

La seconde structure de la commande repose sur l'hypothèse que la vitesse du vent varie très peu en régime permanent. Dans ce cas, à partir de l'équation dynamique de la turbine, on obtient l'équation statique décrivant le régime permanent de la turbine :

$$J \cdot \frac{d\Omega_{mec}}{dt} = C_{mec} = 0 = C_g - C_{em} - C_{vis} \quad \text{(II.43)}$$

Ceci revient à considérer le couple mécanique C_{mec} développé comme étant nul. Donc, en négligeant l'effet du couple des frottements visqueux ($C_{vis} \approx 0$), on obtient.

$$C_{em} = C_g \quad \text{(II.44)}$$

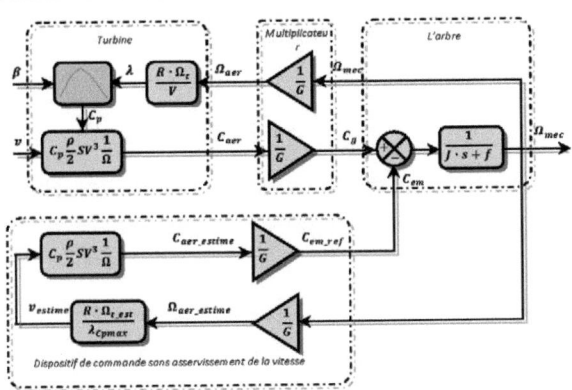

Fig. II. 13 : Schéma bloc de la maximisation de la puissance extraite sans asservissement de la vitesse, [ELA 04].

Le couple électromagnétique de réglage est déterminé à partir d'une estimation du couple éolien :

$$C_{em-ref} = \frac{C_{aer-estimé}}{G} \qquad (II.45)$$

Le couple éolien peut être déterminé à partir de la connaissance d'une estimation de la vitesse du vent et de la mesure de la vitesse mécanique en utilisant l'équation (II.29) :

$$C_{aer-estimé} = C_P \cdot \frac{\rho \cdot S}{2} \cdot \frac{1}{\Omega_{aer-estime}} \cdot v^3_{estimé} \qquad (II.46)$$

Une estimation de la vitesse de la turbine $\Omega_{aer-estime}$ est calculée à partir de la mesure de la vitesse mécanique :

$$\Omega_{aer-estime} = \frac{\Omega_{mec}}{G} \qquad (II.47)$$

La mesure de la vitesse du vent apparaissant au niveau de la turbine étant délicate, une estimation de sa valeur peut être obtenue à partir de l'équation (II.48).

$$v_{estime} = \frac{\Omega_{aer-estimé} \cdot R}{\lambda} \qquad (II.48)$$

En regroupant ces quatre équations (II.45), (II.46), (II.47) et (II.48) on obtient une relation globale de contrôle :

$$C_{em-ref} = \frac{C_P}{\lambda^3} \cdot \frac{\rho \cdot \pi \cdot R^5}{2} \cdot \frac{\Omega^2_{mec}}{G^3} \qquad (II.49)$$

Pour extraire le maximum de la puissance générée, il faut fixer le ratio de vitesse à la valeur $\lambda_{C_{pmax}}$ qui correspond au maximum du coefficient de

Chapitre II : Modélisation et Simulation de Système de Conversion d'Energie Eolienne

puissance C_{pmax} (figure II.12). Le couple électromagnétique de référence doit alors être réglé à la valeur suivante :

$$C_{em-ref} = \frac{C_p}{\lambda_{C_{pmax}}^3} \cdot \frac{\rho \cdot \pi \cdot R^5}{2} \cdot \frac{\Omega_{mec}^2}{G^3} \qquad (II.50)$$

L'expression du couple de référence devient alors proportionnelle au carré de la vitesse de la génératrice :

$$C_{em-ref} = A \cdot \Omega_{mec}^2 \qquad (II.51)$$

Avec

$$A = \frac{C_p}{\lambda_{C_{pmax}}^3} \cdot \frac{\rho \cdot \pi \cdot R^5}{2} \cdot \frac{1}{G^3} \qquad (II.52)$$

La représentation sous forme de schéma-blocs est montrée à la figure II.13.

III.3.7 Résultats obtenus

Nous présentons la simulation du fonctionnement de la partie mécanique de l'éolienne. Les simulations sont faites dans l'environnement MATLAB/SIMULINK. Les résultats obtenus sont basés sur la structure de commande sans asservissement de la vitesse.

Nous n'allons pas raccorder l'hélice et le multiplicateur à une génératrice mais tout simplement observer la vitesse, le couple et la puissance produite à la sortie du multiplicateur en fonction de l'évolution du vent avec un angle de calage β constant égale 2°.

On remarque que le couple et la puissance de référence suivent les évolutions du vent.

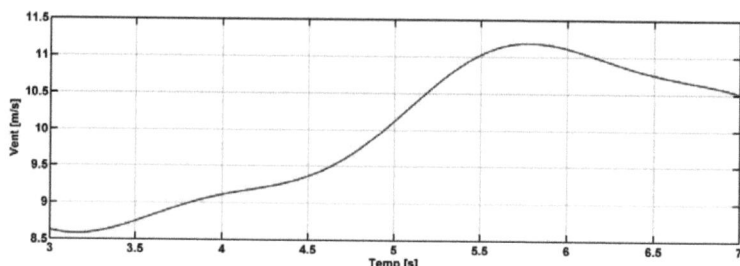

Fig. II. 14 : Vitesse de vent.

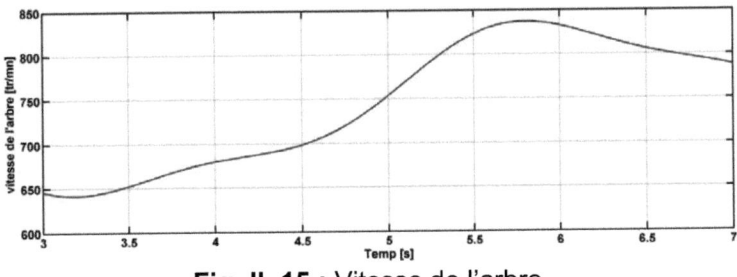

Fig. II. 15 : Vitesse de l'arbre.

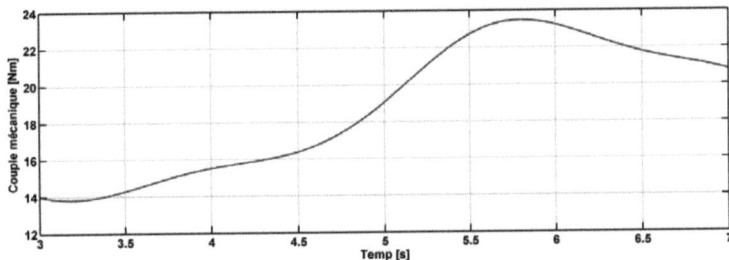

Fig. II. 16 : Couple mécanique.

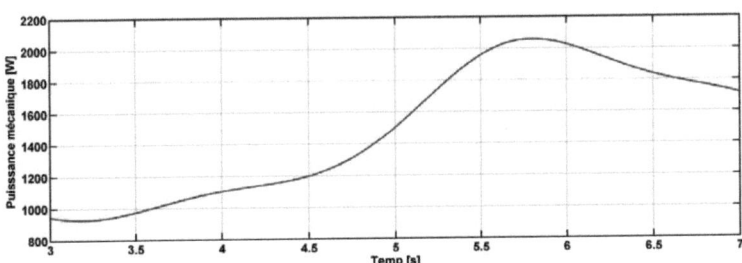

Fig. II. 17 : Puissance mécanique produite par la turbine.

II.4 Principe de fonctionnement et Modélisation de la BDFM

Dans cette partie, nous présenterons dans un premier temps la topologie de la machine et son principe de fonctionnement et on décrira les différents modes de fonctionnement. Ensuite, nous présenterons le modèle dynamique de la machine dans le repère du Park, Enfin, nous présenterons les simulations de celui-ci en fonctionnement génératrice.

II.4.1 Topologie de la BDFM

Une configuration typique d'une BDFM est schématisée à la figure II.18.

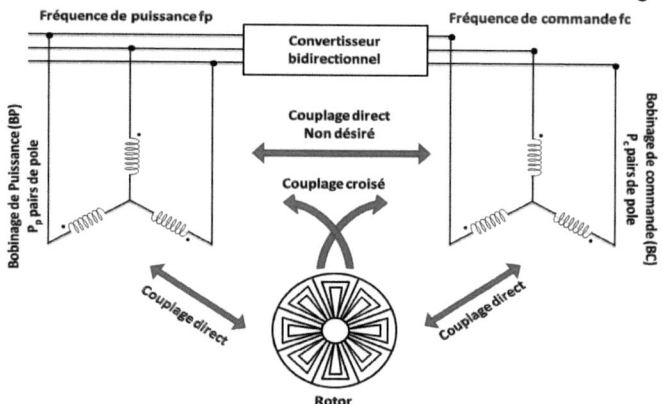

Fig. II. 18 : BDFM avec rotor à cage spécial, [SAR 08].

La BDFM comprend deux bobinages triphasés dans le stator appelés : Bobinage de Puissance (BP) et Bobinage de Commande (BC)) et un rotor à cage spécial [ROB 04], [SHA 09], [POZ 06], [SAR 08]. A l'aide de l'ensemble convertisseur-BC on peut maîtriser le courant statorique de BP, et ainsi, on peut le faire fonctionner à fréquence et amplitude constante même si la vitesse du rotor est loin du synchronisme. [POZ 03].

Dans une telle machine, des couplages magnétiques entre bobinages (BP-BC) sont théoriquement nuls. Afin d'obtenir deux bobinages découplés magnétiquement, il faut que le flux créé par le bobinage statorique de l'une ait une résultante nulle sur le bobinage statorique de l'autre. Il est aisé de découpler deux bobinages en les plaçant en quadrature. Or, ici nous devons découpler des bobinages triphasés entre eux et il n'est donc pas possible dans ce cas d'obtenir un découplage par un simple décalage angulaire. On proposera plutôt un découplage par un choix judicieux des nombres de paires de pôles des deux bobinages.

II.4.2 Modes de fonctionnement de la BDFM

La machine nous permet de fonctionner en différentes modes, à la fois le mode asynchrone et le mode synchrone. Le mode de fonctionnement synchrone est la plus intéressante pour les applications de production d'énergie à vitesse variable. Dans le tableau ci-dessous, [SAR 08], Nous pouvons voir toutes les combinaisons possibles des deux bobinages statorique.

Mode	Bobinage de puissance	Bobinage de commande
1. Asynchrone	Fréquence réseau	circuit ouvert
2. Asynchrone	Fréquence réseau	Court circuit
3. Asynchrone	Fréquence réseau	Fréquence variable
4. Synchrone	Fréquence réseau	Fréquence variable

Tab. II. 1: Modes de fonctionnement [SAR 08].

II.4.2.1 Modes Asynchrone

Dans le cas 1, le bobinage de puissance crée un champ tournant de vitesse $\Omega_p = 2\pi f_p/P_p$. On désigne par P_p le nombre de paires de pôles de BP, dans ce cas, la vitesse du rotor sera différentes de la vitesse de synchronisme (Asynchronisme). L'application de la loi de Faraday aux enroulements rotoriques montre que ceux-ci deviennent le siège d'un système de forces électromotrices triphasées engendrant elles mêmes des courants rotoriques, ce qui va générer une tension dans le Bobinage de Commande (couplage croisé). Cependant, le BC en circuit ouvert, aucun courant ne sera généré dans celui-ci, la machine fonctionnera comme un moteur asynchrone avec une seule alimentation. Ce mode de fonctionnement peut être intéressant pour la synchronisation ou pour les cas de pannes d'alimentation [SAR 08].

Dans le cas 2, la seule source de tension générée dans le BC est à travers le couplage croisé BP-BC, dont la fréquence est toujours $\omega_c = -(\omega_p - (P_p + P_c)\omega_r)$. L'opération dans ce cas s'élève à une machine asynchrone à $P_p + P_c$ paires de pôles. la vitesse du rotor de la BDFM dépend de la fréquence de BC, et ce dernier varie suivant la charge [SAR 08].

Dans le cas 3, les deux bobinages (BP et BC) créent deux champs distincts qui tournent à des vitesses $\Omega_p = 2\pi f_p/P_p$ et $\Omega_c = 2\pi f_c/P_c$ respectivement. Chacun des champs induit dans le rotor un système de forces électromotrices de fréquences f_{rp} et f_{rc} respectivement et fair circuler en simultanément dans les deux systèmes des courants rotoriques de fréquence f_{rp} et f_{rc}. Ces courants induisent ensuite dans le stator un système de forces électromotrices de fréquence différente de la fréquence de l'alimentation principale, ce qui fait induire des courants harmoniques fréquentielles. Ce mode de fonctionnement est insuffisant en régime permanent, et ne sera admissible que lors de la synchronisation des fréquences, [SAR 08].

II.4.2.2 Mode synchrone

La BDFM fonctionne en mode synchrone lorsque les champs créés par les deux bobinages statorique au rotor tournant à la même vitesse. Dans ces conditions, les courants rotoriques induits ont la même fréquence $f_{rp} = f_{rc}$, dans ce cas, les deux courants rotoriques vont créer un seul champ dans le rotor. Ce champ rotorique sert le couplage entre les deux bobinages statorique, [SAR 08].

II.4.3 Couplage magnétique

Dans ce paragraphe on va décrire les conditions à respecter pour garantir le couplage magnétique croisé entre les deux bobinages statoriques à travers le rotor. Pour cela, on va analyser la forme de la densité de flux que crée chaque bobinage statorique dans l'entrefer, [POZ 03].

Tout d'abord, en ignorant la présence d'harmoniques spatiales dans la force magnétomotrice statoriques, les courants circulant dans chacun des enroulements du stator créent une densité de flux dans l'entrefer [POZ 03], [SAR 08]:

$$B_p(\theta, t) = B_p \cos(\omega_p t - P_p \theta - \alpha_p) \quad \text{(II.53)}$$

$$B_p(\theta, t) = B_c \cos(\omega_c t - P_c \theta - \alpha_c) \quad \text{(II.54)}$$

Avec $\theta = \omega_r t + \theta'$.

Le couplage croisé entre les deux bobinages du stator se fonde sur l'impossibilité de dissocier les courants induits dans le rotor, [SAR 08], [POZ 03].

A cette fin, les courants devraient évoluer sur la même fréquence et devraient montrer la même distribution spatiale. Ces conditions conduisent aux expressions suivantes:

A. Condition de même fréquence

Cette condition correspond au mode de fonctionnement synchrone de la machine.

$$S_p \omega_p = S_c \omega_c \quad (II.55)$$

$$\omega_p - P_p \omega_r = \omega_c - P_c \omega_r \quad (II.56)$$

$$\omega_r = \frac{\omega_p - \omega_c}{P_p - P_c} \quad (II.57)$$

A. Condition de même distribution spatiale

Implique la structure physique de la machine de sorte que le couplage croisé entre les enroulements du stator se produit.

Pour que les deux courants rotoriques (I_{rp} et I_{rc}) ne soient pas dissociés, ils doivent avoir une même distribution spatiale, ce qui conditionne la structure physique de la machine. Cette condition est satisfait quand [POZ 03],

$$\frac{2\pi P_p}{N_r} = \frac{2\pi P_c}{N_r} + 2\pi q \quad avec \quad q = 0, \mp 1, \mp 2, \mp 3 \ldots \quad (II.58)$$

Calculant N_r de l'équation précédente :

$$N_r = \frac{P_p - P_c}{q} \quad (II.59)$$

Pour atteindre la valeur de N_r la plus grande possible, on choisit normalement q=1 :

$$N_r = P_p - P_c \quad (II.60)$$

L'équation (II.59) donne le nombre de spires du rotor nécessaires pour le couplage croisé et l'équation (II.57) la vitesse du rotor correspondant au fonctionnement synchrone de la BDFM. Mais il faut tenir en compte que dans l'équation (II.54) cos(A)=cos(-A). On peut donc considérer une autre combinaison de N_r et ω_r, et récrire l'équation (II.54) ddans la forme suivante [SAR 08], [POZ 03] :

$$B_c(\theta', t) = B_c \cos(-(\omega_c - P_c \omega_r) + P_c \theta' - \alpha_c) \quad (II.61)$$

En considérant la condition d'égalité de distribution, on obtient,

$$\omega_r = \frac{\omega_p + \omega_c}{P_p + P_c} \quad (II.62)$$

$$N_r = P_p + P_c \quad (II.63)$$

Il y a donc deux solutions possibles :

Solution 1	Solution 2
$\omega_r = \dfrac{\omega_p - \omega_c}{P_p - P_c}$	$\omega_r = \dfrac{\omega_p + \omega_c}{P_p + P_c}$
$N_r = P_p - P_c$	$N_r = P_p + P_c$

Tab. II. 2 : Conditions de couplage magnétique [SAR 08].

Il est plus approprié de choisir N_r en concordance avec la solution 2 parce qu'il en résulte un nombre plus grand de spires du rotor. Cependant, avec la solution 1, le nombre de spires du rotor est encore petit, ce qui donne des impédances de couplage petites, [POZ 03].

Par conséquent, la vitesse du rotor peut être décrite par la relation (II.62).

II.4.4 Modèle de la BDFM en régime permanent

Dans ce paragraphe on va établir le modèle de la BDFM en considérant l'alimentation se fait en régime sinusoïdal. Aussi, on va présenter la forme finale du schéma équivalent de la BDFM ramenée au bobinage de puissance. On considère que le mode de fonctionnement de la machine est synchrone, ainsi les fréquences d'alimentations seront en adéquation avec l'équation (II.62) [POZ 03].

II.4.4.1 Schéma équivalent avec une seule alimentation

La BDFM est conçu pour fonctionner avec les deux bobinages (BP et BC). c.à.d, l'alimentation est faite au niveau de deux bobinages.

La figure. II.21 montre le schéma équivalent en régime permanent de la machine avec une seule alimentation dans la BP [POZ 03].

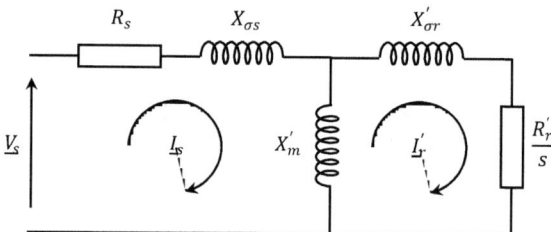

Fig. II. 19: Schéma équivalent de la BDFM avec une seule alimentation de côté de la BP.

Dans ce schéma :
- Les paramètres du stator sont :

$$L'_m = \frac{3}{2}L_{ms}, \quad X'_m = \omega_s L'_m, \quad L_{\sigma s} = L_s - L'_m \quad \text{et} \quad X_{\sigma s} = \omega_s L_{\sigma s}$$

- Les paramètres du rotor sont :

$$R'_r = \frac{3}{n}\frac{L_{ms}^2}{L_m^2}R_r, \qquad L'_{\sigma r} = L'_r - L'_h, \qquad X'_{\sigma r} = \omega_s L'_{\sigma r},$$

$$L'_r = \frac{3}{n}\frac{L_{ms}^2}{L_m^2}L_r \quad et \quad s = (\omega_s - P_s\omega_r)/\omega_s$$

Les équations qui traduisent le schéma ci dessus sont développées comme suit :

$$\underline{V_s} = R_s\underline{I_s} + +X_{\sigma s}\underline{I_s} + X'_m(\underline{I_s} - \underline{I'_r})$$
$$0 = \frac{R'_r}{s}\underline{I'_r} + X'_{\sigma r}\underline{I'_r} + X'_m(\underline{I'_r} - \underline{I_s})$$
(II.64)

II.4.4.2 Schéma équivalent avec double alimentation

La figure II.22 montre le schéma équivalent en régime permanent de la BDFM alimentant les deux bobinages, avec le schéma équivalent ramené au bobinage de puissance [POZ 03].

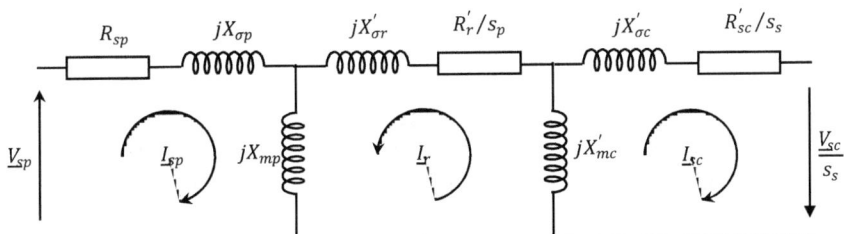

Fig. II. 20 : Schéma équivalent de la BDFM ramené au bobinage de puissance [POZ 03].

Dans ce schéma :
- Les paramètres du bobinage de puissance sont :

$$L'_{mp} = \frac{3}{2}L_{mp}, \qquad X'_{mp} = \omega_p L'_{mp}, \qquad L_{\sigma p} = L_{sp} - L'_m \quad et \quad X_{\sigma p} = \omega_p L_{\sigma p}$$

- Les paramètres du bobinage de commande sont :

$$L'_{mc} = \frac{3}{2}a_{ts}^2 L_{mc}, \qquad X'_{mc} = \omega_p L'_{mc}, \qquad L'_{\sigma c} = L'_{sc} - L'_{mc}, \qquad L'_{sc} = a_{ts}^2 L_{sc},$$
$$X'_{\sigma c} = \omega_p L'_{\sigma c} \quad et \quad R'_{sc} = a_{ts}^2 R_{sc}.$$

- Les paramètres du rotor sont :

$$R'_r = \frac{3}{n}a_{tr}^2 R_r, \qquad L'_{\sigma r} = L'_r - L'_{mp} - L'_{mc}, \qquad X'_{\sigma r} = \omega_p L'_{\sigma r},$$

$$L'_r = \frac{3}{n}a_{tr}^2 L_r \quad et \quad X'_r = \omega_p L'_r$$

- Les glissements sont :

$$s_p = (\omega_p - P_p\omega_r)/\omega_p \text{ et } s_s = -\omega_p/\omega_c \qquad (II.48)$$

Les équations de la BDFM sont décrites comme suit :

$$\underline{V}_{sp} = R_{sp}\underline{I}_{sp} + jX_{\sigma p}\underline{I}_{sp} + jX_{mp}(\underline{I}_{sp} - \underline{I}_r)$$

$$0 = \frac{R'_r}{s_p}\underline{I}_r + jX'_{\sigma r}\underline{I}_r + jX'_{mc}(\underline{I}_r - \underline{I}_{sc}) \qquad (II.49)$$

$$\frac{\underline{V}_{sc}}{s_s} = \frac{R_{sc}}{s_s}\underline{I}_{sp} + jX'_{\sigma c}\underline{I}_{sc} + jX'_{mc}(\underline{I}_{sc} - \underline{I}_r)$$

Le schéma équivalent obtenu est très important pour comprendre le fonctionnement de la BDFM. On conclut d'après le schéma ci-dessus que le schéma équivalent de la BDFM est très similaire à celui de la machine asynchrone à double alimentation (MADA). Dans ce dernier, on a une maille additionnelle qu'il fait ce qu'on appelle le couplage magnétique entre les deux bobinages (BP-Rotor-BC) [POZ 03]. Dans ce cas, le modèle est plus compliqué que la MADA, alors que le mode de fonctionnement est identique. Au lieu d'alimenter les bobinages du rotor, dans le cas de la BDFM, on alimentera le BC, [POZ 03].

II.4.5 Modèle dynamique de la BDFM

Pour commander la BDFM, il nous faut disposer de son modèle avec une connaissance plus ou moins précise des éléments le constituant. Mathématiquement [POZ 03], [ELB 09], à partir de ce modèle, on peut faire la conception et la simulation des algorithmes de commande ; ainsi que l'étude et l'analyse des régimes transitoires. De ce fait, il est réaliste de poser des conditions et des hypothèses pour écrire le modèle comportemental.

La BDFM est composée de deux bobinages statoriques et un rotor spécial. La caractéristique principale de la BDFM c'est que le Bobinage de Commande peut modifier le courant rotorique qui a été induit par le Bobinage de Puissance. Ce résultat est obtenu par l'effet de couplage croisé électromagnétique entre les deux bobinages statoriques par l'intermédiaire du rotor [WIL 97.a], [WIL 97.b], [POZ 03]. L'existence de plusieurs références (deux bobinages statoriques plus le rotor), il est difficile de mettre en œuvre des stratégies de contrôle conventionnel utilisé dans les machines à induction.

Dans [POZ 02] un modèle dynamique unifié de la BDFM de référence d-q a été développé. Son étude est basée sur la théorie développée dans [MUN

99]. Le modèle est obtenu en considérant les hypothèses simplificatrices suivantes :
- L'entrefer est constant, les effets des encoches et les pertes ferromagnétiques sont négligeables ;
- Le circuit magnétique est non saturé, c'est à dire à perméabilité constante ;
- Les résistances des enroulements ne varient pas avec la température et l'effet de peau est négligeable ;
- Les bobinages statoriques ont une distribution sinusoïdale avec nombres de pôles différents;
- La symétrie de construction est parfaite.
- Les nids rotorique sont symétriques et chaque nid est composé de plusieurs boucles isolées, il est considéré comme une seule boucle pour chaque nid.

Le modèle dynamique unifiée référé au bobinage de puissance développé dans [POZ 03] est:

Equations électriques :

$$\begin{aligned} v_{sp}^q &= R_{sp} i_{sp}^q + \frac{d\psi_{sp}^q}{dt} + \omega_p \psi_{sp}^d \\ v_{sp}^d &= R_{sp} i_{sp}^d + \frac{d\psi_{sp}^d}{dt} - \omega_p \psi_{sp}^q \\ 0 &= R_r i_r^q + \frac{d\psi_r^q}{dt} + (\omega_p - p_p \omega_r)\psi_r^d \\ 0 &= R_r i_r^d + \frac{d\psi_r^d}{dt} - (\omega_p - p_p \omega_r)\psi_r^q \\ v_{sc}^q &= R_{sc} i_{sc}^q + \frac{d\psi_{sc}^q}{dt} + (\omega_p - (p_p + p_c)\omega_r)\psi_{sc}^d \\ v_{sc}^d &= R_{sc} i_{sc}^d + \frac{d\psi_{sc}^d}{dt} - (\omega_p - (p_p + p_c)\omega_r)\psi_{sc}^q \end{aligned} \quad (\text{II}.50)$$

Equations du flux :

$$\psi_{sp}^q = L_{sp} i_{sp}^q + L_{mp} i_r^q$$
$$\psi_{sp}^d = L_{sp} i_{sp}^d + L_{mp} i_r^d$$
$$\psi_r^q = L_{mp} i_{sp}^q + L_r i_r^q + L_{mc} i_{sc}^q$$
$$\psi_r^d = L_{mp} i_{sp}^d + L_r i_r^d + L_{mc} i_{sc}^d \quad (II.51)$$
$$\psi_{sc}^q = L_{sc} i_{sc}^q + L_{mc} i_r^q$$
$$\psi_{sc}^d = L_{sc} i_{sc}^d + L_{mc} i_r^d$$

L'équation du couple électromagnétique :

$$C_{em} = K\left(p_p\left(\psi_{sp}^d i_{sp}^q - \psi_{sp}^q i_{sp}^d\right) + p_c L_{mc}\left(i_{sc}^d i_r^q - i_{sc}^q i_r^d\right)\right) \quad (II.52)$$

Soit, [SAR 08]
- K=3: le couple en valeur efficace ;
- K=3/2: le couple en valeur maximal

L'équation mécanique de la BDFM :

$$J_g \frac{d\omega_m}{dt} + f_g \omega_m = C_{em} - C_R \quad (II.53)$$

Les puissances actives et réactives :
Pour le bobinage de puissance :

$$P_p = \frac{3}{2}\left(v_{sp}^q i_{sp}^q + v_{sp}^d i_{sp}^d\right)$$
$$Q_p = \frac{3}{2}\left(v_{sp}^q i_{sp}^d - v_{sp}^d i_{sp}^q\right) \quad (II.54)$$

Pour le bobinage de commande :

$$P_c = \frac{3}{2}\left(v_{sc}^q i_{sc}^q + v_{sc}^d i_{sc}^d\right)$$
$$Q_c = \frac{3}{2}\left(v_{sc}^q i_{sc}^d - v_{sc}^d i_{sc}^q\right) \quad (II.55)$$

La puissance totale de la BDFM :

$$P_T = P_p + P_c$$
$$Q_T = Q_p + Q_c \quad (II.56)$$

II.4.6 Résultats de simulation

A l'aide de logiciel MATLAB, on va simuler la BDFM en fonctionnement générateur, avec trois modes de couplage du BC : en court circuit et en circuit ouvert. Son modèle lié au champ tournant de la BP. Les résultats montrés sur les figures ci-dessous sont ceux d'une BDFM de puissance 2.65 KW. La BDFM est entraînée à une vitesse fixe égale à 700 tr/min, alimentée

directement par une source de tension triphasée parfaite au niveau du BP avec une fréquence du réseau qui est 50Hz et d'amplitude de 311 V.
BC en court circuit :

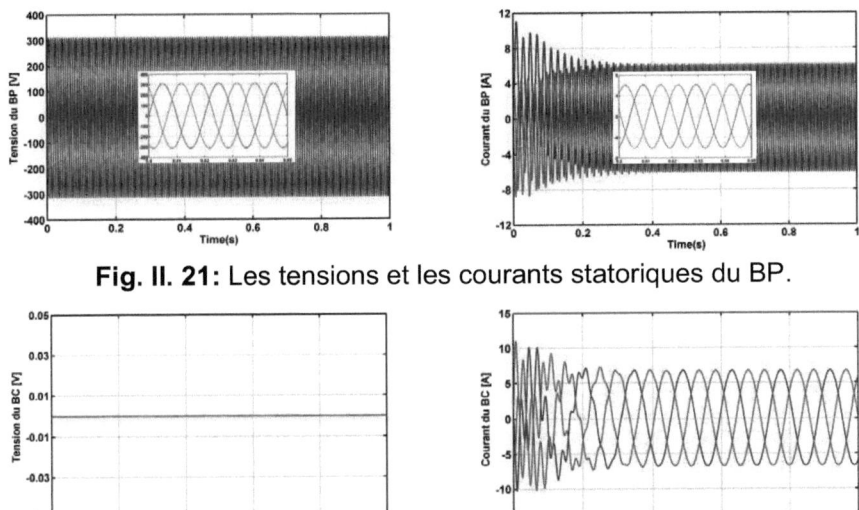

Fig. II. 21: Les tensions et les courants statoriques du BP.

Fig. II. 22 : Les tensions et les courants statoriques du BC.

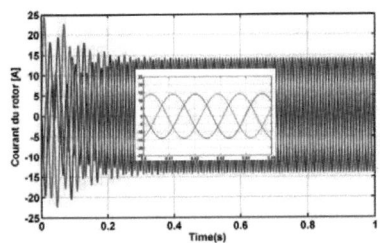

Fig. II. 23 : les courants rotoriques de la BDFM.

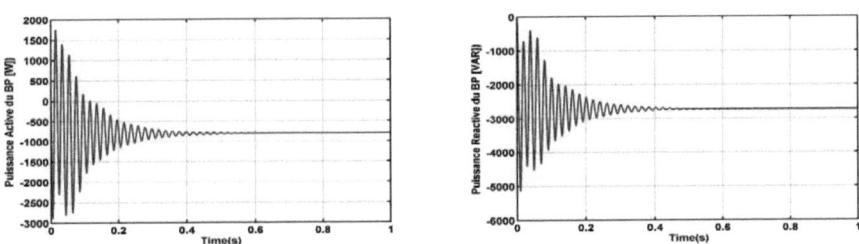

Fig. II. 24 : Les puissances active et réactive de la BDFM.

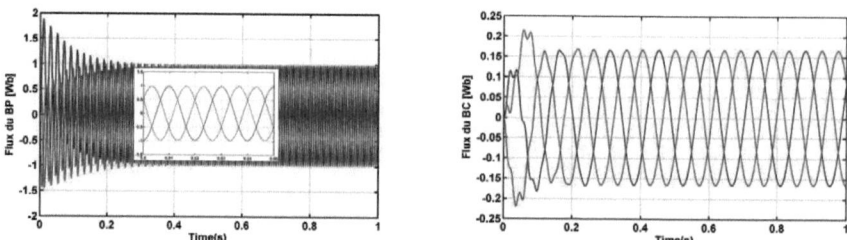

Fig. II. 25 : Les flux statoriques du BP et BC.

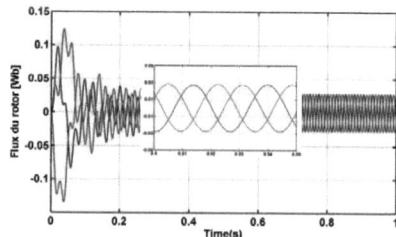

Fig. II. 26 : Les flux rotoriques de la BDFM.

BC en circuit ouvert:

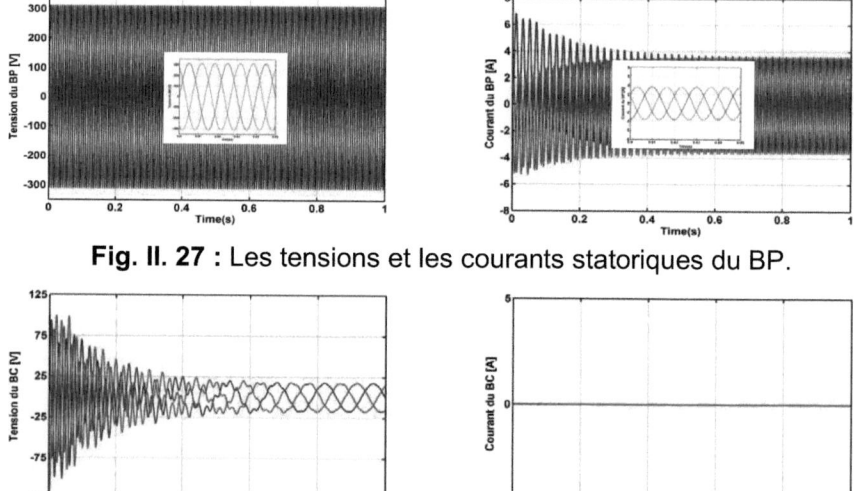

Fig. II. 27 : Les tensions et les courants statoriques du BP.

Fig. II. 28 : Les tensions et les courants statoriques du BC.

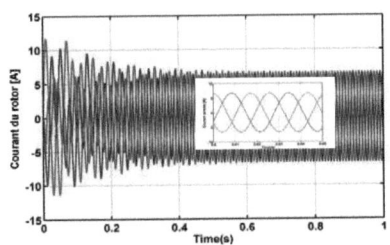

Fig. II. 29 : les courants rotoriques de la BDFM.

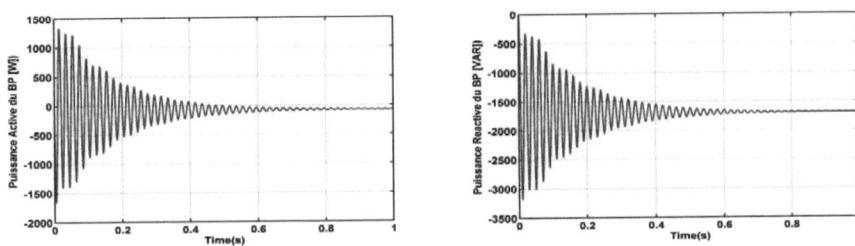

Fig. II. 30 : Les puissances active et réactive de la BDFM.

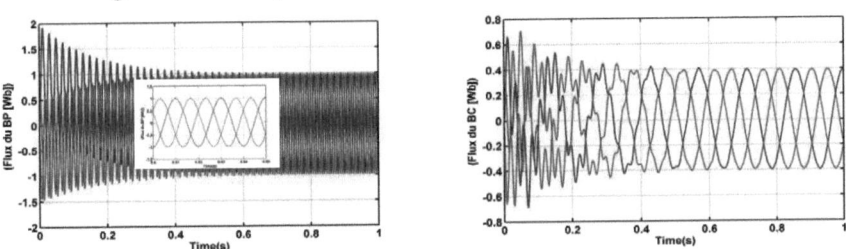

Fig. II. 31: Les flux statoriques du BP et BC.

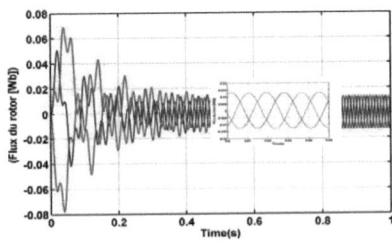

Fig. II. 32: Les flux rotoriques de la BDFM.

Les résultats de simulation montrent que pendant le régime dynamique, la puissance délivrée au réseau atteint au démarrage une valeur maximale de 2.9KW lorsque le BC est en court circuit et de 1.65 kW dans le cas où le BC est en circuit ouvert. On constate ainsi l'importance des courants statoriques

(BP et BC) et rotoriques pendant le démarrage, après un temps égal à environs 0,05s, ils se stabilisent et prennent leurs formes sinusoïdales avec une fréquence de 50Hz pour les courants statoriques BP.

II.5 Modélisation des convertisseurs
II.5.1 Convertisseurs côté machine

Pour un fonctionnement hyposynchrone de la BDFM, le convertisseur côté machine il fonctionnera comme un onduleur. Sa commande est réalisée par la technique de Modulation de Largeurs d'Impulsions (MLI). Le convertisseur côté machine (CCM) est le cœur du système d'alimentation. Il est formé de trois bras indépendants portant chacun deux interrupteurs. Un interrupteur est composé d'un transistor et d'une diode en antiparallèle. Il permet d'imposer à la BDFM des tensions ou des courants à amplitude et fréquence variables [ELB 09]. La figure II.35 représente le schéma de principe d'un CCM triphasé qui alimente la machine.

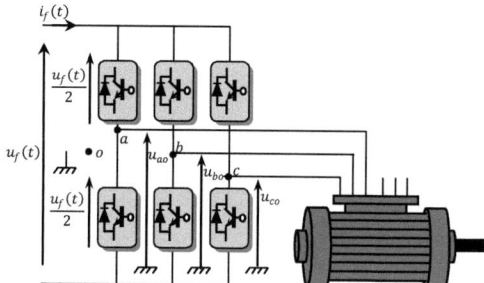

Fig. II. 33: Schéma de principe d'un CCM alimentant la BDFM.

La commande des deux transistors du même bras doit être complémentaire pour assurer la continuité des courants de sortie et éviter le court circuit de la source [ELB 09].

- Tensions des phases statoriques :

On peut définir les tensions des phases a, b, c par rapport au point milieu o de la source comme suit :

Pour la tension de la phase a :

$$u_{ao} = \frac{u_f(t)}{2} \quad \text{Si } T_1 \text{ est fermé ;}$$

$$u_{ao} = \frac{-u_f(t)}{2} \quad \text{Si } T_4 \text{ est fermé ;}$$

$$u_{ao} = 0 \quad \text{Si } T_1 \text{ et } T_4 \text{ sont ouverts;}$$

Chapitre II : Modélisation et Simulation de Système de Conversion d'Energie Eolienne

Pour la tension de la phase b :

$$u_{bo} = \frac{u_f(t)}{2} \quad \text{Si } T_2 \text{ est fermé ;}$$

$$u_{bo} = \frac{-u_f(t)}{2} \quad \text{Si } T_5 \text{ est fermé ;}$$

$$u_{bo} = 0 \quad \text{Si } T_2 \text{ et } T_5 \text{ sont ouverts;}$$

Pour la tension de la phase c :

$$u_{co} = \frac{u_f(t)}{2} \quad \text{Si } T_3 \text{ est fermé ;}$$

$$u_{co} = \frac{-u_f(t)}{2} \quad \text{Si } T_6 \text{ est fermé ;}$$

$$u_{co} = 0 \quad \text{Si } T_3 \text{ et } T_6 \text{ sont ouverts;}$$

- Tensions composées produites par CCM :

On peut déduire les tensions composées en utilisant les tensions de phase précédentes exprimées par rapport au point milieu :

$$u_{ab} = u_{ao} - u_{bo}$$
$$u_{bc} = u_{bo} - u_{co}$$
$$u_{ca} = u_{co} - u_{ao}$$

- Tensions simples produites par CCM :

Soit n le point neutre du côté de la machine, alors on peut écrire :

$$u_{ao} = u_{an} - u_{no}$$
$$u_{bo} = u_{bn} - u_{no}$$
$$u_{co} = u_{cn} - u_{no}$$

Et comme le système est supposé en équilibre, c'est-à-dire :

$$i_{an} + i_{bn} + i_{cn} = 0 \text{ et } u_{an} + u_{bn} + u_{cn} = 0 \tag{II.57}$$

Alors :

$$u_{no} = \frac{1}{3}(u_{ao} + u_{bo} + u_{co}) \tag{II.58}$$

On obtient finalement les expressions des tensions simples de la machine :

$$u_a = u_{an} = u_{ao} - u_{no} = \frac{1}{3}(2u_{ao} - u_{bo} - u_{co})$$
$$u_b = u_{bn} = u_{bo} - u_{no} = \frac{1}{3}(2u_{bo} - u_{ao} - u_{co}) \tag{II.59}$$
$$u_c = u_{cn} = u_{co} - u_{no} = \frac{1}{3}(2u_{co} - u_{ao} - u_{bo})$$

On peut aussi écrire ces tensions sous la forme matricielle suivante :

$$\begin{bmatrix} u_a \\ u_b \\ u_c \end{bmatrix} = \frac{1}{3} \begin{bmatrix} 2 & -1 & -1 \\ -1 & 2 & -1 \\ -1 & -1 & 2 \end{bmatrix} \begin{bmatrix} u_{ao} \\ u_{bo} \\ u_{co} \end{bmatrix} \qquad (II.60)$$

Dans le cas de la commande complémentaire, on peut remplacer chaque bras de l'onduleur par un interrupteur à deux positions, comme le montre la figure II.36.

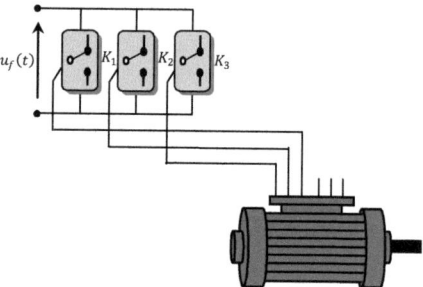

Fig. II. 34 : Représentation des bras d'un onduleur par des interrupteurs à deux positions.

A chacun des interrupteurs K_i ($i = 1,2,3$), on associe une fonction logique f_i définie par :

$f_i = +1$ si K_i est connecté à la borne (+)de la source ;
$f_i = -1$ si K_i est connecté à la borne (−)de la source.

Il en découle que les tensions statoriques simples s'expriment comme suit :

$$\begin{bmatrix} u_a \\ u_b \\ u_c \end{bmatrix} = \frac{u_f}{6} \begin{bmatrix} 2 & -1 & -1 \\ -1 & 2 & -1 \\ -1 & -1 & 2 \end{bmatrix} \begin{bmatrix} f_a \\ f_b \\ f_c \end{bmatrix} \qquad (II.61)$$

La détermination des fonctions f_i dépend de la stratégie de commande. La plus utilisée reste la Modulation de Largeurs d'Impulsions (MLI).

II.5.1.1 Principe de la MLI

La MLI consiste à former chaque alternance de la tension de sortie de l'onduleur par un ensemble d'impulsions sous forme de créneaux rectangulaires de largeurs modulées de telle sorte à rapprocher cette tension vers la sinusoïde. En effet, la MLI permet de reconstituer ces tensions à partir d'une source de tension continue. Le réglage est effectué par les durées d'ouverture et de fermeture des interrupteurs et par les séquences de fonctionnement [ELB 09]. Le principe de la MLI sinus-triangle repose sur la comparaison entre un signal triangulaire de haute fréquence appelé la modulante et un signal de référence appelé la porteuse. La valeur du rapport de fréquence entre la porteuse et la modulante procède d'un compromis entre une bonne neutralisation des harmoniques et un bon rendement de l'onduleur [ELB 09].

La figure II.35 représente un onduleur triphasé de tension commandé par MLI. Celui-ci alimente le BC de la BDFM.

En contrôlant les états des interrupteurs de chaque bras de l'onduleur, on fixe les valeurs des tensions de sortie de l'onduleur $u_{ao}, u_{bo}, et\ u_{co}$ à $+0.5\ u_f$ ou à $-0.5\ u_f$, où $U_{dc} = 500V$

L'emploi de la technique MLI pour déterminer les intervalles de conduction des interrupteurs permet de régler de manière indépendante les valeurs moyennes de chacune des tensions u_{ao}, u_{bo}, u_{co} sur chaque période de commutation. Dans ce cas, les instants de commutation sont déterminés par la comparaison de trois ondes de référence avec une onde porteuse qui fixe la fréquence de commutation. Cette comparaison fournit trois signaux logiques f_a, f_b et f_c qui valent 1 quand les interrupteurs du côté haut sont en conduction et ceux de côté bas sont bloqués et valent 0 dans le cas contraire. A partir de ces signaux, l'électronique de commande élabore les signaux de commande des interrupteurs [ELB 09].

Si les références forment un système triphasé équilibré de grandeurs sinusoïdales, on obtient à la sortie de l'onduleur des ondes de tensions dont les valeurs moyenne forment elle aussi un système triphasé équilibré. On parle dans ce cas ci d'une modulation sinus triangle [ELB 09].

Généralement le récepteur est connecté en étoile à neutre isolé. Dans ce cas, les tensions vues par les phases du récepteur ne sont pas directement égales à celles fournies à la sortie de l'onduleur et se déduisent de celles-ci par la relation suivante, si on admet que la somme des tensions aux bornes des phases du récepteur est nulle :

$$\begin{bmatrix} u_a(t) \\ u_b(t) \\ u_c(t) \end{bmatrix} = S \cdot \begin{bmatrix} u_{ao}(t) \\ u_{bo}(t) \\ u_{co}(t) \end{bmatrix} \qquad (II.62)$$

Où la matrice S est donnée par :

$$S = \frac{1}{3} \cdot \begin{bmatrix} +2 & -1 & -1 \\ -1 & +2 & -1 \\ -1 & -1 & +2 \end{bmatrix} \qquad (II.63)$$

Cette relation est valable tant au niveau des valeurs instantanées des tensions que de leurs valeurs moyennes sur une période MLI. Il suffit de prendre comme valeurs de référence pour u_{ao}, u_{bo}, u_{co} les valeurs de référence souhaitées pour u_a, u_b, u_c pour que ces tensions suivent en moyenne leurs références sur chaque période MLI [ELB 09].

On définit :
- L'indice de modulation m égale au rapport de la fréquence de la porteuse sur la fréquence du modulante.

$$m = \frac{f_p}{f_o} \qquad (II.64)$$

- L'indice d'amplitude r égal au rapport de l'amplitude de référence sur l'amplitude de la porteuse.

$$r = \frac{V_p}{V_o} \qquad (II.65)$$

- La valeur maximale de la tension de phase à la sortie de l'onduleur vaut exactement :

$$V_{max} = r \cdot \frac{V_{dc}}{2} \qquad (II.66)$$

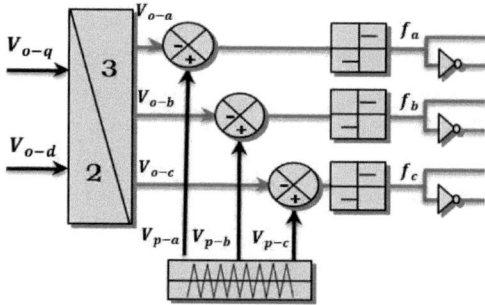

Fig. II. 35 Schéma de principe de MLI.

II.5.1.2 Résultats de simulation

Pour cette stratégie de commande, on visualise les tensions de phase u_a, u_b, u_c et son spectre d'harmoniques ainsi que les tensions entre phases, pour une fréquence $f = 50\ Hz$ et un rapport d'amplitude r = 0.9. Les résultats de simulation sont représentés par les figures suivantes.

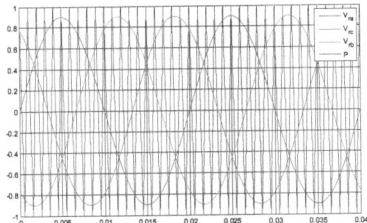

Fig. II. 36 : Principe de la MLI sinus triangle

Fig. II. 37 : signes de commande de l'onduleur

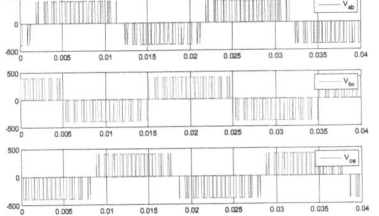

Fig. II. 38 : Tensions composées de l'onduleur

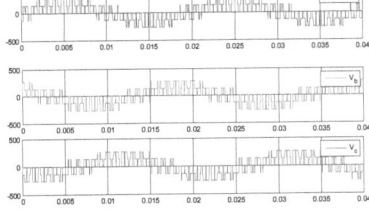

Fig. II. 39: Tensions simples de l'onduleur

II.5.2 convertisseur côté réseau

Dans cette partie, nous nous intéressons à la modélisation du convertisseur côté réseau (CCR, avec le réseau électrique via le filtre RL. La figure II.42 illustre l'ensemble de la liaison au réseau électrique, constituée du bus continu, du CCR et du filtre d'entrée [GAI 10] [PRO 09].

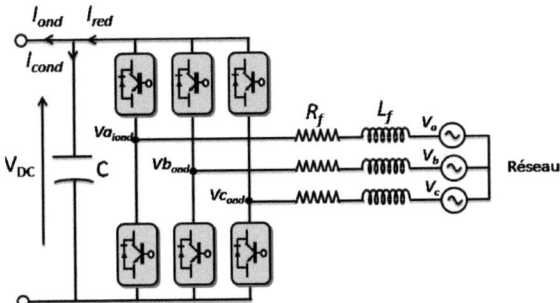

Fig. II. 40 : Connexion du CCR au réseau électrique.

II.5.2.1 Modèle du bus continu

A partir de l'intégration du courant circulant dans le condensateur, on peut obtenir de la tension aux bornes du condensateur du bus continu.

$$\frac{dV_{dc}}{dt} = \frac{1}{C} \cdot i_{cond} \tag{II.67}$$

Le courant dans le condensateur est issu d'un nœud à partir duquel circulent deux courants modulés par le CCM et le CCR (Figure II.42) :

$$i_{cond} = i_{red} - i_{ond} \tag{II.68}$$

II.5.2.2 Modèle de Park de la liaison au réseau

D'après la figure II.42, selon les lois de Kirchhoff, nous pouvons écrire dans le repère triphasé les expressions suivantes :

$$\begin{bmatrix} v_a \\ v_b \\ v_c \end{bmatrix} = R \begin{bmatrix} i_a \\ i_b \\ i_c \end{bmatrix} + L\frac{d}{dt}\begin{bmatrix} i_a \\ i_b \\ i_c \end{bmatrix} + \begin{bmatrix} v_{a_{ond}} \\ v_{b_{ond}} \\ v_{c_{ond}} \end{bmatrix} \tag{II.69}$$

En appliquant la transformation de Park, nous obtenons :

$$\begin{bmatrix} v_q \\ v_d \end{bmatrix} = R \begin{bmatrix} i_q \\ i_d \end{bmatrix} + L \cdot s \begin{bmatrix} i_q \\ i_d \end{bmatrix} + \omega_e L \begin{bmatrix} i_q \\ -i_d \end{bmatrix} + \begin{bmatrix} v_{q_{ond}} \\ v_{d_{ond}} \end{bmatrix} \tag{II.70}$$

Les puissances active et réactive générées par le CCR sont définies par :

$$P = \frac{3}{2}(v_d i_d + v_q i_q)$$
$$Q = \frac{3}{2}(v_q i_d - v_d i_q) \tag{II.71}$$

Dans ces parties, nous avons développé les modèles de la turbine, de la BDFM et de la connexion du CCR avec le réseau électrique. Dans la partie suivante, nous allons nous intéresser au dispositif de commande du système éolien.

II.6 Conclusion

Dans ce chapitre, nous avons décrit les trois parties essentielles de système de conversion éolienne. La première représente la partie mécanique qui contient la turbine, le multiplicateur et l'arbre de la BDFM. Dans la deuxième partie, nous avons étudié la modélisation de la machine asynchrone à double alimentation sans balais en fonctionnement génératrice. En se basant sur quelques hypothèses simplificatrices, un modèle mathématique a été établi, où la complexité a été réduite. Nous avons constaté que le modèle de la BDFM est un système à équations différentielles dont les Coefficients sont des fonctions périodiques du temps, la transformation de Park nous a permis de simplifier ce modèle [POZ 03]. Des résultats de simulation sont présentés.

Dans la dernière partie nous avons présenté le modèle du convertisseur AC-DC-AC, son principe de fonctionnement et la technique de commande MLI.

Dans le chapitre suivant, nous allons étudier la commande vectorielle de la BDFM afin d'optimiser la puissance délivrée au réseau électrique.

Chapitre III
Commande Vectorielle de la BDFM

III.1 Introduction

Dans ce chapitre, nous allons introduire la commande vectorielle par orientation du flux qui présente une solution attractive pour réaliser de meilleures performances dans les applications à vitesse variable pour le cas de la machines asynchrones double alimentées sans balais aussi bien en fonctionnement génératrice que moteur.

Dans cette optique, nous allons proposer une loi de commande pour la BDFM basée sur l'orientation du flux statorique du bobinage de puissance, utilisée pour la faire fonctionner en génératrice. Cette dernière met en évidence les relations entre les grandeurs statoriques du bobinage de puissance et les grandeurs du bobinage de commande. Ces relations vont permettre d'agir sur les signaux du bobinage de commande en vue de contrôler l'échange de puissances active et réactive entre le bobinage de puissance et le réseau.

III.1. Architecture du dispositif de commande

L'architecture du dispositif de commande est présentée à la Figure III.1.

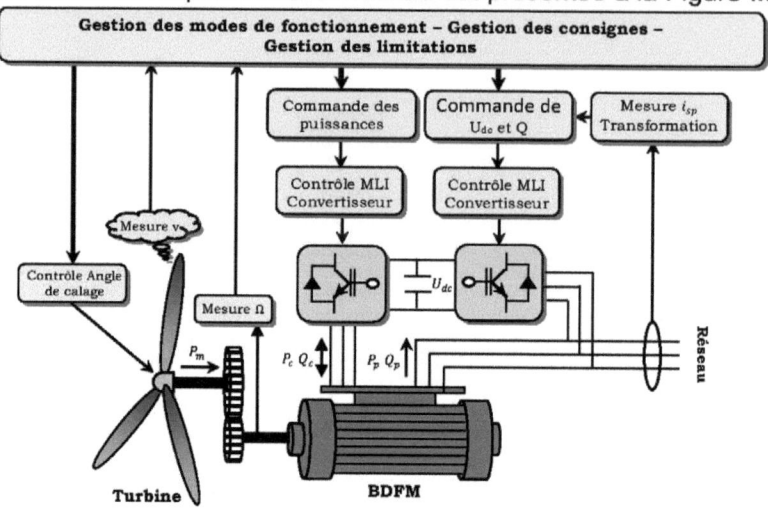

Fig. III. 1: Schéma global du système étudié.

D'après la figure III.1, ils y ont trois commandes sont donc nécessaires pour assurer le fonctionnement de l'éolienne :

> la commande d'extraction du maximum de puissance du vent (a été citée au chapitre précédent)
> la commande du CCM en contrôlant les puissance active et réactive statorique de la BDFM,
> la commande du CCR en contrôlant la tension du bus continu et les puissances réactive échangées avec le réseau.

III.2. Commande du convertisseur côté machine

Dans cette partie, nous nous intéressons à la commande du convertisseur côté machine (CCM) dont le principe est illustré à la figure III.2.

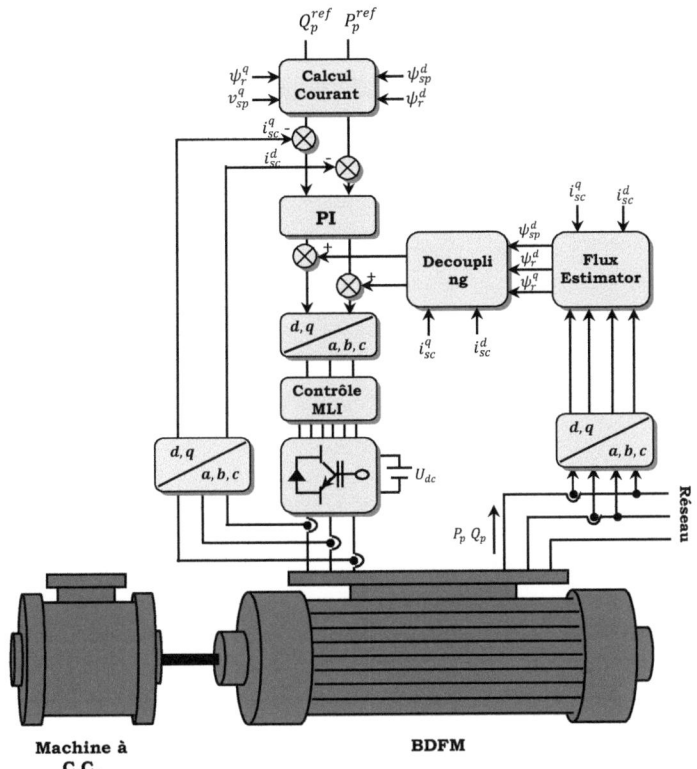

Fig. III. 2: Schémas du contrôle de la BDFM.

Les contrôles des puissances active et réactive du BP seront obtenus en contrôlant les courants de BC d'axes d-q de la BDFM.

III.2.1 Principe de la commande vectorielle à flux orienté

La commande par flux orienté est une expression qui apparaît de nos jours dans la littérature traitant les techniques de contrôle des machines électriques à courant alternatif. A savoir la force exercée sur un conducteur parcouru par un courant et soumis à un champ magnétique est égale au produit vectoriel du vecteur courant par le vecteur champ. Il en résulte évidemment que l'amplitude de cette force est maximale lorsque le vecteur courant est perpendiculaire au vecteur champ [TIR 10].

Dans la machine asynchrone, le principe d'orientation du flux a été développé par *BLASCHKE* au début des années 70. Il consiste à orienter le vecteur courant et le vecteur flux afin de rendre le comportement de cette machine similaire à celui d'une machine à courant continu à excitation indépendante (MCC) où le courant inducteur contrôle le flux et le courant d'induit contrôle le couple. Il s'agit de placer le référentiel (d-q) de sorte que le flux soit aligné sur l'axe direct (d). Ainsi, le flux est commandé par la composante directe du courant et le couple est commandé par l'autre composante.

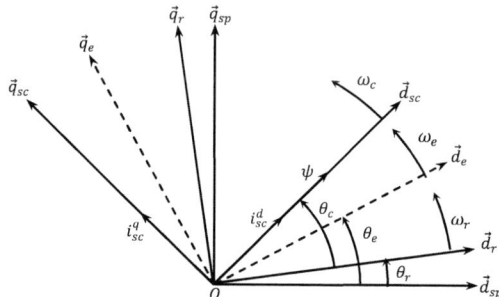

Fig. III. 3 : Position du référentiel par rapport au flux

La commande vectorielle par orientation du flux présente une solution attractive pour réaliser de meilleures performances dans les applications à vitesse variable.

Lors de la modélisation de la BDFM dans un repère lié au champ tournant, les champs statoriques des deux bobinages et rotoriques et d'entrefer de la BDFM tournent à la vitesse du référentiel (d, q) par rapport au stator du bobinage de puissance.

L'orientation de l'un de ces quatre champs suivant l'axe « d » du référentiel constitue le principe de base de la commande vectorielle. Grâce à la transformée de PARK, on obtient un modèle similaire à la MCC à excitation séparée.

Le couple électromagnétique de la machine à courant continu est :

$$C_{em} = K \cdot \psi_f \cdot i_a \quad \text{(III.1)}$$

$$\psi_f = K' \cdot i_f \quad \text{(III.2)}$$

Le couple électromagnétique du bobinage de puissance que nous allons examiner :

$$C_{emp} = \frac{3}{2} \cdot p_p \cdot \left(\psi_{sp}^d \cdot i_{sp}^q - \psi_{sp}^q \cdot i_{sp}^d \right) \quad \text{(III.3)}$$

En se basant sur cette équation, on peut réaliser un découplage de telle façon à ce que le couple soit commandé uniquement par le courant statorique en quadrature i_{sp}^q (l'axe q doit être dépourvu du flux ($\psi_{sp}^q = 0$), et le flux par le courant statorique du bobinage de commande i_{sc}^d.

La relation finale du couple du bobinage de puissance est:

$$C_{emp} = \frac{3}{2} \cdot p_p \cdot \psi_{sp}^d \cdot i_{sp}^q \qquad (III.4)$$

III.2.2 Stratégie de commande en puissances active et réactive de la BDFM

Pour pouvoir contrôler facilement la production d'énergie électrique de l'éolienne, nous allons réaliser un contrôle indépendant des puissances active et réactive en établissant les équations qui lient les valeurs des tensions statoriques du bobinage de commande (BC), générées par un onduleur, aux puissances active et réactive statorique du bobinage de puissance (BP).

Nous utilisons la modélisation diphasée de la BDFM (voir Eqs. : II.50 II.51, II.52 et II.53). On oriente le repère (d, q) afin que l'axe d soit aligné sur le flux statorique du bobinage de puissance ψ_{sp}.

Ainsi ;

$$\psi_{sp}^d = \psi_{sp} \quad et \quad \psi_{sp}^q = 0 \qquad (III.5)$$

Et l'équation des flux statoriques du bobinage de puissance devient :

$$0 = L_{sp} \cdot i_{sp}^q + L_{mp} \cdot i_{rp}^q$$
$$\psi_{sp}^d = L_{sp} \cdot i_{sp}^d + L_{mp} \cdot i_{rp}^d \qquad (III.6)$$

Si on suppose le réseau électrique stable, ayant pour tension simple V_{sp}, cela conduit à un flux statorique ψ_{sp} constant.

De plus, si on néglige la résistance des enroulements statorique du BP, les équations des tensions statoriques du BP se réduisent à :

$$v_{sp}^d = \frac{d\psi_{sp}^d}{dt}$$
$$v_{sp}^q = \psi_{sp}^d \cdot \omega_{sp} \qquad (III.7)$$

Avec ω_{sp} la pulsation électrique des grandeurs statoriques du BP.

Avec l'hypothèse du flux statorique constant, on obtient :

$$v_{sp}^d = 0 \qquad (III.8)$$

Chapitre III : Commande Vectorielle de la BDFM

$$v_{sp}^q = v_{sp}$$

A l'aide de l'équation (II.50) et du flux (III. 6), on peut établir le lien entre les courants statoriques de la machine de puissance et les courants statoriques du BC :
On a :

$$i_{sp}^q = -\frac{L_{mp}}{L_{sp}} i_r^q \; ; \; i_{sp}^d = \frac{\psi_{sp}^d - L_{mp} i_r^d}{L_{sp}}$$

$$i_r^q = \frac{\psi_r^q + L_{mp} i_{sp}^q + L_{mc} i_{sc}^q}{L_r}$$

$$i_r^d = \frac{\psi_r^d + L_{mp} i_{sp}^d + L_{mc} i_{sc}^d}{L_r} \tag{III.9}$$

Ensuite :

$$i_{sp}^q = \frac{L_{mp}}{L_{sp} L_r - L_{mp}^2} \psi_r^q - \frac{L_{mc} L_{mp}}{L_{sp} L_r - L_{mp}^2} i_{sc}^q$$

$$i_{sp}^d = \frac{L_r}{L_{sp} L_r - L_{mp}^2} \psi_{sp}^d - \frac{L_{mp}}{L_{sp} L_r - L_{mp}^2} \psi_r^d - \frac{L_{mc} L_{mp}}{L_{sp} L_r - L_{mp}^2} i_{sc}^d \tag{III.10}$$

Les équations de puissance :

$$P_p = \frac{3}{2} \left(v_{sp}^q i_{sp}^q + v_{sp}^d i_{sp}^d \right)$$

$$Q_p = \frac{3}{2} \left(v_{sp}^q i_{sp}^d - v_{sp}^d i_{sp}^q \right) \tag{III.11}$$

Ou bien encore, d'après l'équation III.8

$$P_p = \frac{3}{2} v_{sp} i_{sp}^q$$

$$Q_p = \frac{3}{2} v_{sp} i_{sp}^d \tag{III.12}$$

Pour obtenir l'expression des puissances du BP en fonction des courants statoriques du BC, on remplace dans l'équation précédente les courants par l'équation III.10 :

$$P_p = \frac{3}{2} v_{sp}^q \left(\frac{L_{mp}}{L_{sp} L_r - L_{mp}^2} \psi_r^q - \frac{L_{mc} L_{mp}}{L_{sp} L_r - L_{mp}^2} i_{sc}^q \right)$$

$$Q_p = \frac{3}{2} v_{sp}^q \left(\frac{L_r}{L_{sp} L_r - L_{mp}^2} \psi_{sp}^d - \frac{L_{mp}}{L_{sp} L_r - L_{mp}^2} \psi_r^d + \frac{L_{mc} L_{mp}}{L_{sp} L_r - L_{mp}^2} i_{sc}^d \right) \tag{III.13}$$

On remarque que l'équation III.13 fait apparaitre que la puissance active statorique du BP P_p est directement proportionnelle au courant statorique en quadrature i_{sc}^q du BC. De plus, la puissance réactive Q_p est proportionnelle au courant statorique direct i_{sc}^d du BC.

Afin de pouvoir contrôler correctement la machine, il nous faut alors établir la relation entre les courants et les tensions statoriques du BC qui seront appliqués à la BDFM.

En remplaçant dans l'équation des flux statoriques du BC les courants statoriques du BP par l'expression III.10, on obtient :

$$\psi_{sc}^q = \frac{L_{mc}L_{mp}}{L_r} i_{sp}^q - \frac{L_{mc}}{L_r} \psi_r^q + \frac{L_{sc}L_r - L_{mc}^2}{L_r} i_{sc}^q$$
$$\psi_{sc}^d = \frac{L_{mc}L_{mp}}{L_r} i_{sp}^d - \frac{L_{mc}}{L_r} \psi_r^d + \frac{L_{sc}L_r - L_{mc}^2}{L_r} i_{sc}^d$$
(III.14)

En remplaçant l'expression des flux précédente III.14 par leurs expressions dans les équations des tensions statoriques du BC (II.50) on obtient :

$$v_{sc}^q = R_s i_{sc}^q + \left(\frac{d}{dt} (\delta_3 i_{sc}^q + \delta_2 \psi_r^q) - \omega_c (\delta_3 i_{sc}^d - \delta_2 \psi_r^d + \delta_1 \psi_{sp}^d) \right)$$
$$v_{sc}^d = R_s i_{sc}^d + \left(\frac{d}{dt} (\delta_3 i_{sc}^d + \delta_2 \psi_r^d - \delta_1 \psi_{sp}^d) - \omega_c (\delta_3 i_{sc}^q + \delta_2 \psi_r^q) \right)$$
(III.15)

Les facteurs de dispersion s'écrivent comme suit :

$$\delta_1 = \frac{L_{mc}L_{mp}}{L_{sp}L_r - L_{mp}^2}, \delta_2 = \frac{L_{mc}L_{sp}}{L_{sp}L_r - L_{mp}^2}, \delta_3 = L_{sc} - \frac{L_{mc}^2 L_{sp}}{L_{sp}L_r - L_{mp}^2}$$
$$\delta_4 = \frac{L_{mp}}{L_{sp}L_r - L_{mp}^2}, \delta_5 = \frac{L_r}{L_{sp}L_r - L_{mp}^2}$$

A partir des équations que nous venons de mettre en place, nous pouvons établir les relations entre les tensions appliquées au stator du BC et les puissances statoriques du BC que cela engendre. Il est donc possible maintenant de décrire le schéma bloc de la BDFM qui sera le bloc à réguler par la suite.

En examinant les équations III.13 et III.15, on peut établir le schéma bloc de la figure III.3 qui comporte en entrées les tensions statoriques du BC et en sorties les puissances active et réactive statoriques du BP.

On remarque que les puissances et les tensions sont liées par une fonction de transfert du premier ordre. De plus, du fait de la faible valeur du glissement g, il sera possible d'établir sans difficulté une commande vectorielle car les influences des couplages resteront faibles et les axes d et q pourront donc être commandés séparément avec leurs propres régulateurs.

Chapitre III : Commande Vectorielle de la BDFM

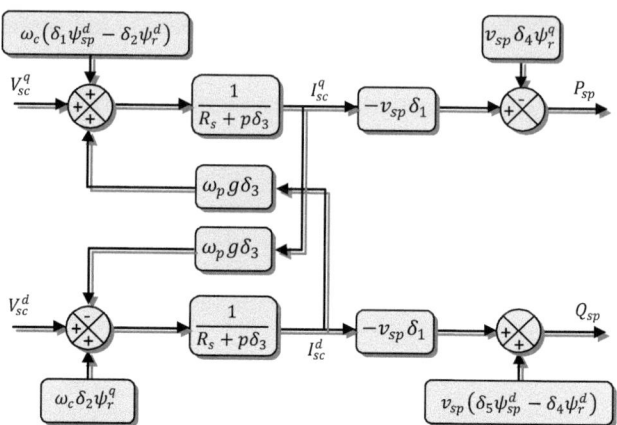

Fig. III. 4 : Schéma bloc de la BDFM.

Ainsi, la méthode de la commande qui sera appliquée à la machine est appelée méthode indirecte ; celle-ci consiste à tenir compte des termes de couplage et à les compenser en effectuant un système comportant deux boucles permettant de contrôler les puissances et les courants statoriques du BC. Tout cela découle directement des équations III.13 et III.15.

III.2.2.1 Commande indirecte de la BDFM

La méthode indirecte consiste à reproduire, en sens inverse, le schéma bloc du système à réguler [BOY 06]. On construit ainsi un schéma bloc permettant d'exprimer les tensions en fonction des puissances. On aboutit alors à un modèle qui correspond à celui de la machine mais dans l'autre sens. La commande indirecte va donc contenir tous les éléments présents dans le schéma bloc de la BDFM.

On part donc de la puissance statorique du BP en fonction des courants statoriques du BC et des expressions des tensions statoriques du BC en fonction des courants statoriques du BC.

III.2.2.2 Mise en place de la régulation

Considérons le schéma bloc du système à réguler de la figure III.4 afin de déterminer les éléments à mettre en place dans la boucle de régulation. Si l'on regarde la relation qui lie les courants statoriques du BC aux puissances statoriques, on voit apparaître le terme $(-v_{sp}\delta_1)$.

Dans notre étude, nous avons considéré que l'éolienne était raccordée à un réseau infini et stable, donc ce terme est constant. Nous ne placerons donc pas de régulateur entre les courants statoriques du BC et les puissances.

Pour réguler la machine, nous allons mettre en place une boucle de régulation sur chaque puissance avec un régulateur indépendant tout en compensant les termes de perturbation qui sont présents dans le schéma bloc de la figure III.5.

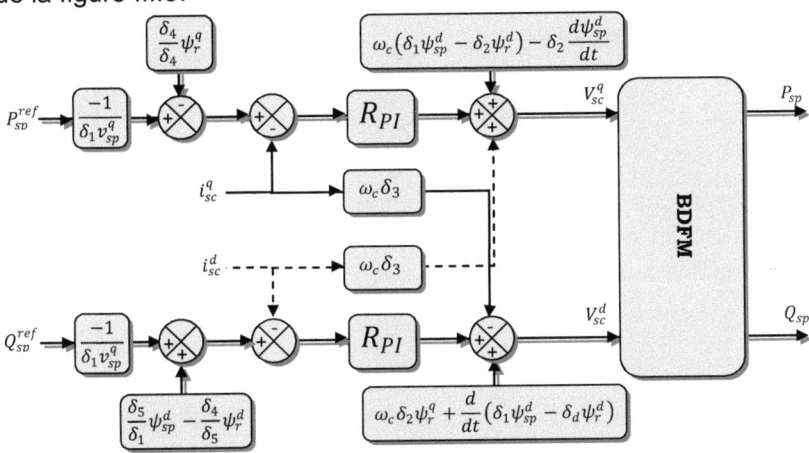

Fig. III. 5 : Schéma bloc de la commande indirecte (P_s en haut, Q_s en bas).

En gardant les mêmes hypothèses sur la stabilité du réseau, on établit le système de régulation de la figure III.5 où l'on trouve désormais une boucle de régulation des courants statoriques de BC dont les consignes sont directement déduites des valeurs des puissances que l'on veut imposer à la machine. Nous obtenons alors une commande vectorielle avec un seul régulateur par axe, présentée sur la figure III.5.

III.2.2.3 Synthèse de la régulation PI

Le régulateur Proportionnel Intégral (PI), utilisé pour commander la BDFM en fonctionnement génératrice, est simple et rapide à mettre en œuvre tout en offrant des performances acceptables. C'est pour cela qu'il a retenu notre attention pour une étude globale de système de génération éolien.

La figure III.5 montre une partie de notre système bouclé et corrigé par un régulateur PI dont la fonction de transfert est de la forme $K_p + \frac{K_i}{p}$, correspondant aux deux régulateurs utilisés dans la figure III.6

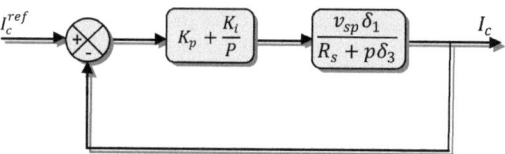

Fig. III. 6 : Système régulé par un PI.

La Fonction de Transfert en Boucle Ouverte (FTBO) avec les régulateurs s'écrit de la manière suivante :

$$FTBO = \frac{p + \frac{K_i}{K_p}}{\frac{p}{K_p}} \cdot \frac{\frac{v_{sp}\delta_1}{\delta_3}}{p + \frac{R_s}{\delta_3}} \qquad (III.16)$$

Nous choisissons la méthode de compensation de pôles pour la synthèse du régulateur afin d'éliminer le zéro de la fonction de transfert. Ceci nous conduit à l'égalité suivante :

$$\frac{K_i}{K_p} = \frac{R_s}{\delta_3} \qquad (III.17)$$

Notons toutefois ici que la compensation des pôles n'a d'intérêt que si les paramètres de la machine sont connus avec une certaine précision car les gains des correcteurs dépendent de ces paramètres. Si tel n'est pas le cas, la compensation est moins performante.

Si on effectue la compensation, on obtient la FTBO suivante :

$$FTBO = \frac{K_p \frac{v_{sp}\delta_1}{\delta_3}}{p} \qquad (III.18)$$

Cela nous donne en boucle fermée :

$$FTBF = \frac{1}{1 + \tau_r p} \qquad \text{avec} \qquad \tau_r = \frac{1}{K_p} \cdot \frac{\delta_3}{v_{sp}\delta_1} \qquad (III.19)$$

Avec τ_r le temps de réponse du système que l'on se fixe de l'ordre de 1ms, correspondant à une valeur suffisamment rapide pour l'utilisation faite sur l'éolienne où les variations de vent sont peu rapides et les constantes de temps mécanique sont importantes.

S'imposer une valeur plus faible n'améliorerait probablement pas les performances de l'ensemble, mais risquerait d'engendrer des perturbations lors des régimes transitoires en provoquant des dépassements et des instabilités indésirables.

On peut désormais exprimer les gains des correcteurs en fonction des paramètres de la machine et du temps de réponse :

$$K_p = \frac{1}{\tau_r} \cdot \frac{\delta_3}{v_{sp}\delta_1} \text{ et } K_i = \frac{1}{\tau_r} \frac{R_s}{v_{sp}\delta_1} \quad \text{(III.20)}$$

Nous avons utilisé ici la méthode de compensation des pôles pour sa rapidité ; il est évident qu'elle n'est pas la seule méthode valable pour la synthèse du régulateur PI.

III.3. Commande du convertisseur côté réseau

Le CCR est connecté au réseau via un bus continu et un filtre $R_f\ L_f$. Ce convertisseur a deux rôles : maintenir la tension du bus continu constante et maintenir un facteur de puissance unitaire au point de connexion avec le réseau électrique [GAI 10].

Dans le repère d-q lié au champ tournant de BP, réécrivons les équations II.70 :

$$\begin{bmatrix} v_q \\ v_d \end{bmatrix} = R \begin{bmatrix} i_q \\ i_d \end{bmatrix} + L \cdot s \begin{bmatrix} i_q \\ i_d \end{bmatrix} + \omega_e L \begin{bmatrix} i_q \\ -i_d \end{bmatrix} + \begin{bmatrix} v_{q_{ond}} \\ v_{d_{ond}} \end{bmatrix} \quad \text{(III.21)}$$

Où

$$\begin{aligned} v_{d_{ond}} &= -i_d(sL + R) + (\omega_e L\, i_q + v_d) \\ v_{q_{ond}} &= -i_q(sL + R) + (\omega_e L\, i_d) \end{aligned} \quad \text{(III.22)}$$

Les puissances active et réactive sont

$$\begin{aligned} P &= \frac{3}{2}(v_d i_d + v_q i_q) \\ Q &= \frac{3}{2}(v_q i_d - v_d i_q) \end{aligned} \quad \text{(III.23)}$$

En négligeant les pertes dans la résistance R_f du filtre $R_f\ L_f$ et en tenant compte de l'orientation du repère d-q lié au champ tournant statorique ($v_d = 0$), les équations II.71 deviennent :

$$\begin{aligned} P &= \frac{3}{2} v_q i_q \\ Q &= \frac{3}{2} v_q i_d \end{aligned} \quad \text{(III.24)}$$

En négligeant les pertes du convertisseur, la tension imposée du bus continu est

$$\begin{aligned} v_{dc} i_{dc} &= \frac{3}{2} v_q i_q \\ C \frac{dv_{dc}}{dt} &= i_{in} - i_o \end{aligned} \quad \text{(III.25)}$$

Où

$$v_{dc} C \frac{dv_{dc}}{dt} = P - P_m \qquad (III.26)$$

Le schéma de la commande vectorielle du CCR est montré dans la figure suivante

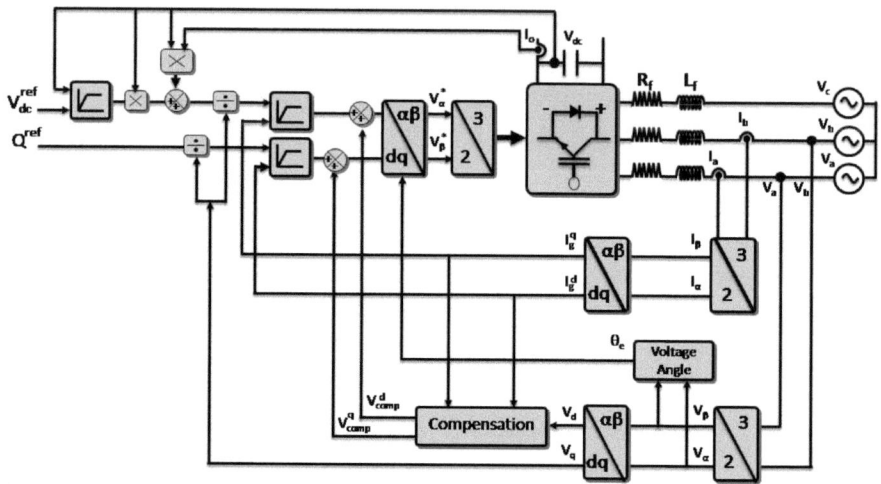

Fig. III. 7 : Schéma de la commande du CCR.

La figure III.7 décrit la commande du CCR. Cette commande réalise donc les deux fonctions suivantes :
- Le contrôle des courants circulant dans le filtre $R_f L_f$,
- Le contrôle de la tension du bus continu.

III.4. Simulation du système éolien basé sur une BDFM

La modélisation de la machine, de la partie mécanique et de la commande indirecte que nous avons proposé a été implantée dans l'environnement MATLAB/Simulink/SimPowerSystem afin d'effectuer des tests de la régulation.

Les résultats de simulation présentés sur les figures ci-dessous, nous permettent de présenter les performances de la conduite de la BDFM alimentée par un onduleur à deux niveaux commandée par la stratégie triangulo-sinusoïdal, Dans ce qui suit, nous avons utilisé la technique MLI avec la fréquence de la porteuse (dents de scie) de 3.5 KHz.

Chapitre III : Commande Vectorielle de la BDFM

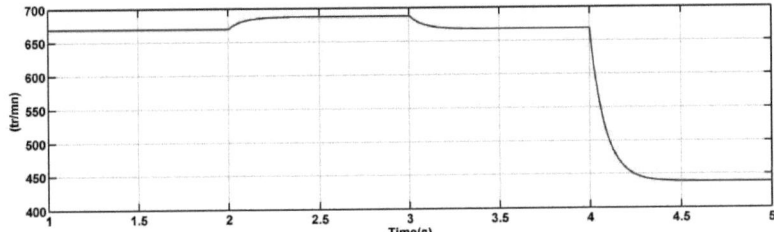

Fig. III. 8: Vitesse d'entrainement de la BDFM.

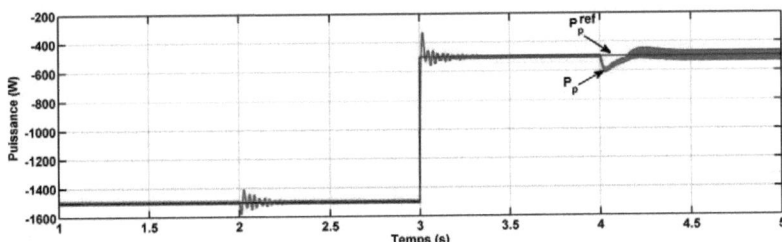

Fig. III. 9: Puissance active statorique du bobinage de puissance.

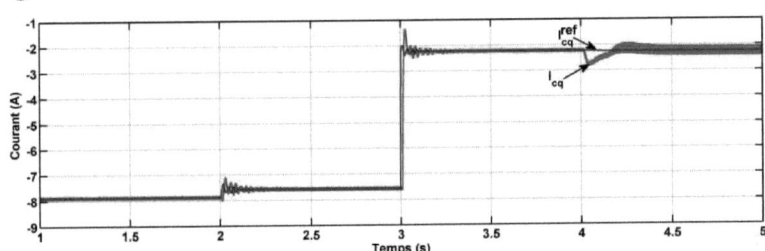

Fig. III. 10: Courant statorique du bobinage de commande selon l'axe q.

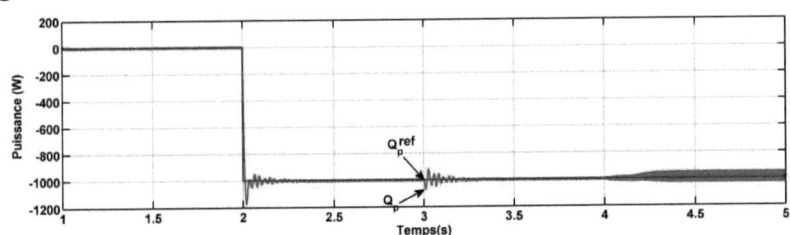

Fig. III. 11: Puissance réactive statorique du bobinage de puissance.

Chapitre III : Commande Vectorielle de la BDFM

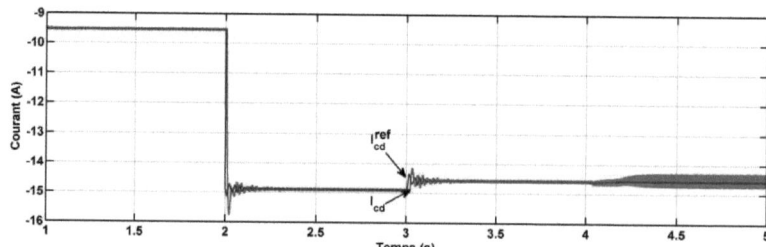

Fig. III. 12: Courant statorique du bobinage de commande selon l'axe d.

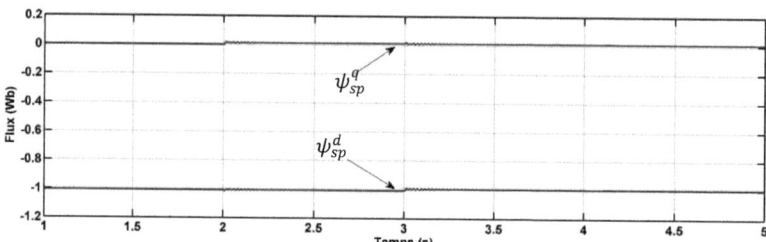

Fig. III. 13: Flux statorique de la machine de puissance selon l'axe d et q.

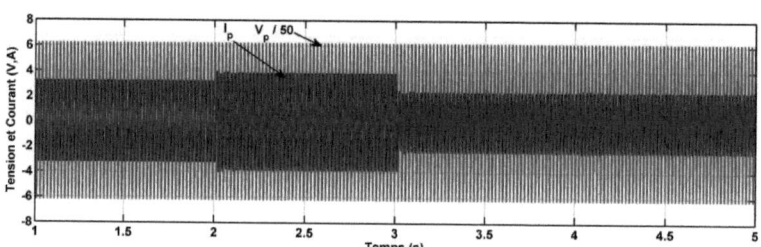

Fig. III. 14: Tension et courant statorique du bobinage de puissance d'une seule phase.

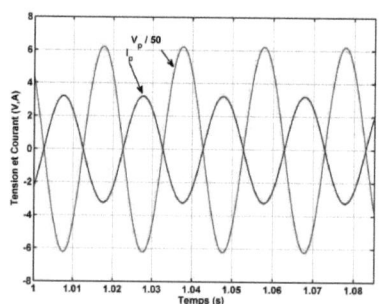

Fig. III. 15a : Zoom de la tension et

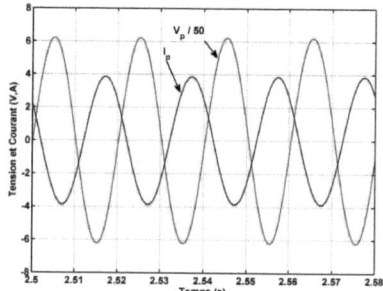

Fig. III. 16b : Zoom de la tension et

du courant statorique du bobinage de puissance d'une seule phase à $Q_p=0$.   du courant statorique du bobinage de puissance d'une seule phase à $Q_p \neq 0$.

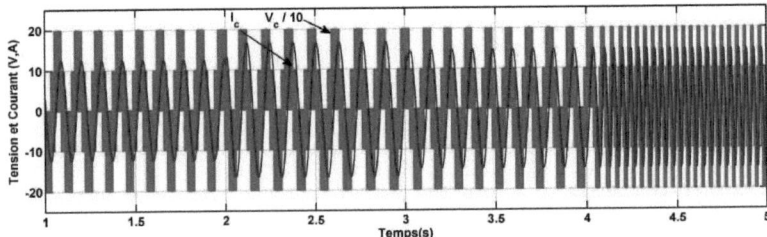

Fig. III. 17: Tension et courant statorique du bobinage de commande d'une seule phase.

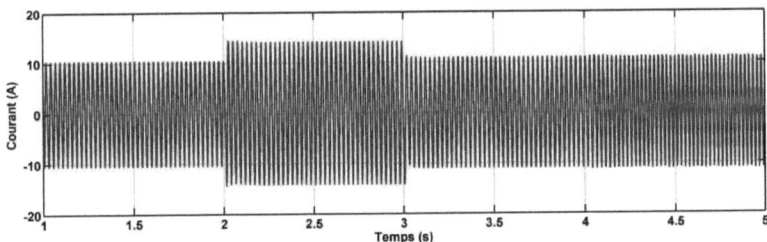

Fig. III. 18: Courant rotorique de la BDFM.

On peut remarquer que les échelons de puissance sont bien suivis par la génératrice aussi bien pour la puissance active que pour la puissance réactive. Cependant on observe l'effet du couplage entre les deux axes de commande (d et q) car un échelon imposé à l'une des deux puissances (active ou réactive) induit de faibles oscillations sur la seconde.

Nous pouvons également observer l'effet de la variation de vitesse sur les puissances active et réactive de la BDFM, (Figures III.8 et III.9). Sur cet essai, les limites du régulateur PI apparaissent nettement. Nous avons également représenté les variations de la tension d'une phase du BC afin de mettre en évidence la variation de vitesse et le fait que la fréquence des signaux rotoriques correspond à la différence entre la fréquence de rotation de la BDFM et la fréquence du réseau.

Aussi, le fonctionnement du contrôle de puissance réactive nous permet d'avoir une puissance réactive négative (comportement capacitif) ou positive (comportement inductif).

III.5 Conclusion

Dans ce chapitre, nous avons étudié et appliqué la commande vectorielle de la BDFM pour un fonctionnement en génératrice pour une vitesse de rotation quelconque.

Malgré les difficultés rencontrées, la commande vectorielle à base des régulateurs PI donne de mauvais résultats. Les formes d'ondes parfaitement sinusoïdales obtenues, le temps de stabilisation court lors des transitoires ainsi que le découplage complet des puissances (active et réactive) nous indiquent clairement pourquoi cette technique est devenue si alternative. Il reste néanmoins que notre étude ne met pas en avant plan d'autres difficultés qui pourraient être rencontrées tels : le fonctionnement avec de l'effet de la variation de vitesse sur les puissances active et réactive de la BDFM et l'effet du couplage entre les deux axes de commande (d et q). Nous verrons dans le chapitre suivant d'autres techniques permettant de surmonter certaines de ces difficultés à l'aide de techniques de commandes dites avancées.

Chapitre IV
Commande par Logique Floue et Hybride des Puissances de la BDFM

IV.1 Introduction

Dans ce chapitre, nous allons commander les puissances active et réactive de la BDFM à partir de leur modèle élaboré dans le 2ème chapitre. Aussi, nous allons procéder à la synthèse des régulateurs classique et avancés pour la réalisation de cette commande.

Dans un premier temps, la synthèse d'un régulateur PI est réalisée. Ce type de régulateur reste le plus communément utilisé pour la commande des machines, ainsi que dans de nombreux systèmes de régulation industriels. Afin de comparer ses performances à d'autres régulateurs plus avancés, nous avons effectué également la synthèse d'un régulateur flou et d'un régulateur hybride (Flou + Intégrateur et/ou Dérivateur).

Des simulations sont réalisées pour comparer ces régulateurs en termes de poursuite de trajectoire, sensibilité aux perturbations et robustesse vis à vis des variations de paramètres.

Une série d'essais est également réalisée avec la turbine et en tenant compte du convertisseur côté réseau.

IV.1 Historique de la logique floue

La logique floue (en anglais fuzzy logic) est de grande actualité actuellement [THE 09] [CAO 97]. En réalité, elle existait déjà depuis longtemps et nous pouvons diviser son histoire de développement en trois étapes [CAO 97]. Ce sont les paradoxes logiques et les principes de l'incertitude d'Heisenberg qui ont conduit à l'évolution de la «logique à valeurs multiples» ou «logique floue» dans les années 1920 et 1930. En 1937, le philosophe Max Black a appliqué la logique continue, on introduit la troisième valeur ½ dans le système logique bivalent {0, 1} [ELB 09], pour classer les éléments ou symboles. Il a dessiné la première fonction d'appartenance «Membership function» [ELB 09].

La théorie des ensembles flous a été établie en 1965 par le professeur Lofti A. Zadeh de l'université de Californie (Berkeley) dans son article intitulé "Fuzzy Set" [ZAD 65] [CAO 97] [THE 09]. A cette époque, la théorie des ensembles flous n'a pas été prise au sérieux [CAO 97]. En effet, les ordinateurs, avec leur fonctionnement exact par tout ou rien (1 ou O), ont commencé à se répandre sur une grande échelle [CAO 97] [THE 09].  Par contre, la logique floue permettait de traiter des variables non-exactes dont la valeur peut varier entre [0 et 1]. Initialement, cette théorie a été appliquée dans des domaines non-techniques, comme le commerce, la jurisprudence ou la médecine, dans le but de compléter les systèmes experts et afin de leur donner l'aptitude de prise de décision [CAO 97].

 En 1975, Ebrahim Mamdani expérimentait la théorie des ensembles flous énoncée par Zadeh sur un système de commande dans le but de commander une machine à vapeur et des chaudières, ce qui introduisait la commande floue dans la régulation des processus industriels. Le fonctionnement du système de commande se fonde sur l'article de Lotfi Zadeh [ZAD 73]. Il s'en suit une émergence des applications en Europe [THE 09], telle que la régulation de fours de cimenterie réalisée par la société Smidt-Fuller en 1978 [ELB 09]. Grâce au chercheur japonais Michio Sugneo, la logique floue fut implantée au Japon en 1985.  Dès lors, Les sociétés japonaises commencent à utiliser cette dernière dans des produits industriels pour résoudre des problèmes de réglage et de commande [CAO 97] [ELB 09].

À partir de 1990, les fabricants intègrent de plus en plus la technologie de la logique floue dans les appareils de grande consommation (appareils de photos, vidéo, ...) [THE 09]. Sa mise en œuvre est maintenant facilitée par la disponibilité de microprocesseurs dédiés et d'outils puissants de développement [ELB 09].

IV. 3 Concepts Fondamentaux de la Logique Floue

Cette section présente les concepts fondamentaux de la logique floue. Cette présentation n'a pas pour but de donner un état de lieux complet de la logique floue. Il s'agit plutôt d'une introduction nécessaire qui permet la compréhension de la structure et des éléments essentiels retenus pour une mise en œuvre du régulateur développé dans le cadre de ce projet.

Dans ce qui suit, nous présenterons d'abord la théorie des ensembles flous, puis nous préciserons le raisonnement en logique floue, nous définirons ensuite les éléments qui constituent un système flou, et finalement nous présenterons une application complète de la logique floue.

IV.3.1 Ensembles Flous

Dans la réalité, il est rare de trouver des choses dont le statut est clairement défini. Par exemple, où est exactement la différence entre une personne grande et une autre moyenne ? C'est à partir de ce genre d'observation que Zadeh a développé sa théorie. Il a signalé aux ensembles flous comme étant des termes Linguistiques du genre: zéro, grand, négatif, petit, etc ... il est permis qu'une chose appartienne partiellement à un certain ensemble; ceci s'appelle le degré d'appartenance. Dans les ensembles classiques, le degré d'appartenance est O ou 1 alors que dans la théorie des ensembles flous, le degré d'appartenance peut prendre toutes les valeurs réelles comprises entre O et 1 (on parle alors de fonction d'appartenance µ) [CAO 97] [ELB 09]. Un exemple d'ensembles flous est la classification des humains selon leur âge en trois ensembles : jeune, moyen et vieux. La manière d'établir cette classification est montrée à la figure IV.1 [CAO 97].

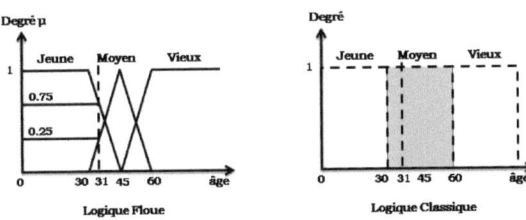

Fig. IV. 1 : Classification des personnes selon leur âge, [CAO 97].

La figure montre que les limites entre ces trois groupes varient progressivement. Comme exemple, l'age de 31 ans appartient à l'ensemble "jeune" avec une valeur µ=0.75 de la fonction d'appartenance et à l'ensemble "moyens" avec une valeur µ = 0.25. La figure IV.1 donne donc le degré d'appartenance, selon l'âge, ce type de figure s'appelle une fonction d'appartenance. On peut ainsi résumer la terminologie comme suit:
- Variable linguistique : Age
- Valeur d'une variable linguistique : Jeune, Moyen, Vieux,
- Ensemble flous : «jeune», «moyen», «vieux».
- Plage de valeurs : (0, 30, 45, 60, …).
- Fonction d'appartenance : $\mu_E(x)=a$ $(0 \le a \le 1)$.
- Degré d'appartenance : a.

IV.3.2 Différentes formes pour les fonctions d'appartenance

En générale, les fonctions d'appartenance peuvent avoir quatre formes géométriques :
- Monotones (croissantes ou décroissantes), comme il est montré sur les figures IV.2a-IV.2b;
- Triangulaires (Figure IV.2c) ;
- Trapézoïdales (Figure IV.2d) ;
- En forme de cloche (Figure IV.2e).

Les deux fonctions de forme triangulaires ou Trapézoïdales sont les plus souvent employées en raison de leur simplicité [CAO 97] [ELB 10].

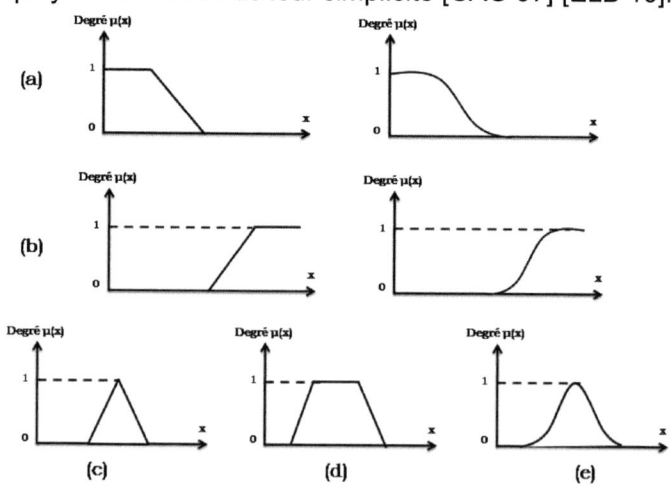

Fig. IV. 2 Différentes formes des fonctions d'appartenance [ELB 10].

a) : Exemple de fonctions d'appartenance monotones croissantes.
b) : Exemple de fonctions d'appartenance monotones décroissantes
c) : Forme triangulaire d) : Forme trapézoïdale e) : Forme gaussienne.

Lorsqu'une fonction d'appartenance est partout nulle, sauf en un point, on a un singleton. Un singleton est défini par une fonction d'appartenance, µ$_A$(x), qui décrit le degré avec lequel l'élément x appartient à A telle que [THE 09]:

$$\mu: x \in A \rightarrow \mu_A(x) \in \{0,1\} = \begin{vmatrix} \mu_A = 1 \ pour \ x = x_0 \\ \mu_A = 0 \ pour \ x \neq x_0 \end{vmatrix}$$

La figure IV.3 illustre une fonction d'appartenance de type singleton.

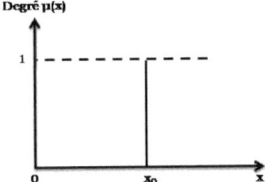

Fig. IV. 3 : Fonction d'appartenance de type singleton [THE 09].

Les fonctions d'appartenance de type singleton sont utilisées plus particulièrement pour une grandeur de sortie d'un système flou [THE 09].

IV.3.3 Opérateurs de la logique floue

Après la définition des ensembles flous, des opérations mathématiques à propos de ce type d'ensembles ont été développées. Les mathématiques élaborées ressemblent beaucoup à celles reliées à la théorie des ensembles classiques [CAO 97]. Les opérateurs d'intersection, d'union, de complémentation et d'implication sont traduites par les opérateurs «ET, OU, NON et ALORS» respectivement. Soit A et B deux ensembles flous, dont les fonctions d'appartenance sont µ$_A$(x) et µ$_B$ (x), respectivement. Le tableau suivant résume quelques fonctions utilisées pour réaliser les différentes opérations floues de base [ELB 09].

Opérateur Flous	ET	OU	NON
Zadeh (1973)	$Min(\mu_A(x), \mu_B(y))$	$Max(\mu_A(x), \mu_B(y))$	$1 - \mu_A(x)$
Lukasiewiez Giles (1976)	$Min(\mu_A(x) + \mu_B(y) - 1, 0)$		$1 - \mu_A(x)$
Hamacher (1978) ; (γ>0)	$\dfrac{(\mu_A(x), \mu_B(y))}{\gamma + (1-\gamma)(\mu_A(x) + \mu_B(y) - \mu_A(x)}$	$\dfrac{\mu_A(x) + \mu_B(y) - (2-\gamma)\mu_A(x) \cdot \mu}{1 - (1-\gamma)\mu_A(x) \cdot \mu_B(y)}$	$1 - \mu_A(x)$

Bondler et Kohout (1980)	$\mu_A(x), \mu_B(y)$	$\mu_A(x) + \mu_B(y) - \mu_A(x) \cdot \mu_B(y)$	$1 - \mu_A(x)$
Weber	$\mu_A(x)$ si $\mu_B(y) = 1$ $\mu_B(y)$ si $\mu_A(x) = 1$ 0 sinon	$\mu_A(x)$ si $\mu_B(y) = 0$ $\mu_B(y)$ si $\mu_A(x) = 0$ 1 sinon	$1 - \mu_A(x)$

Tab. IV. 1: Opérateurs de base de la logique floue.

D'autre part, les implications floues les plus souvent utilisées sont données par le tableau suivant [ELB 09].

Appellation	Implication floue
Zadeh	$Max(Min(\mu_A(x), \mu_B(y)), 1 - \mu_A(x))$
Mamdani	$Min(\mu_A(x), \mu_B(y))$
Reichenbach	$1 - \mu_A(x) + \mu_A(x)\mu_B(y)$
Willmott	$Max(1 - \mu_A(x), Min(\mu_A(x), \mu_B(y)))$
Dienes	$Max(1 - \mu_A(x), \mu_B(x))$
Brown Godel	1 si $\mu_A(x) \leq \mu_B(y)$ $\mu_B(y)$ sinon
Lukasiewiez	$Min(1, 1 - \mu_A(x) + \mu_B(x))$
Larsen	$\mu_A(x) + \mu_B(y)$

Tab. IV. 2: Implication floue.

IV.4 Commande par la logique floue

Actuellement, la méthode de la commande par logique floue est en pleine expansion. En effet, cette méthode permet d'obtenir une loi de réglage souvent très efficace sans devoir faire connaitre des modèles mathématiques des systèmes à commander [CAO 97]. Par contre aux régulateurs classiques, le régulateur flou utilise des inférences avec plusieurs règles, se basant sur des variables linguistiques.

Dans cette section, nous allons exposer les bases générales de la commande par logique floue et la procédure générale de la conception d'un réglage par logique floue [ELB 09].

IV.4.1 Principes généraux d'une commande par logique floue

La figure IV.4 présente la configuration de base d'un régulateur flou, qui contient quatre blocs principaux [CAO 97]: fuzzification, base de connaissance, inférence et défuzzification.

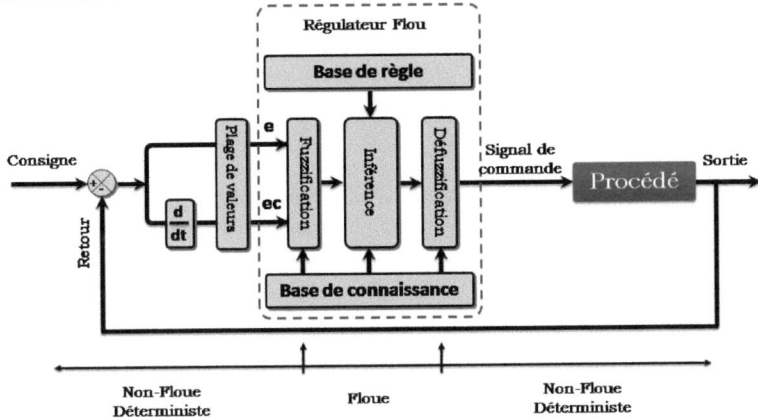

Fig. IV. 4 : Configuration de base d'un régulateur flou.

Comme le système à commander ne reçoit que des valeurs non-floues ou crisp (déterministes), un régulateur flou devrait convertir les valeurs non-floues à son entrée en valeurs floues, les traiter avec les règles floues et reconvertir le signal de commande de valeurs floues en valeurs non-floues pour activer le système [CAO 97].

Les rôles de chaque bloc peuvent être résumés comme suit :

IV.4.1.1 Fuzzification

Le bloc du fuzzification effectue les fonctions suivantes [CAO 97], [ELB 09]:
- Effectue les plages de valeurs pour les fonctions d'appartenance à partir des valeurs d'entrées (non-floues);
- convertit les données d'entrée (déterministes) en valeurs linguistiques.

IV.4.1.2 Base de connaissance

Le bloc base de connaissance comprend une connaissance du domaine d'application. Elle est composée :
- la base de données fournissant les informations nécessaires pour les fonctions de normalisation [CHA 10],
- la base de données effectuant les définitions nécessaires pour ajuster les règles de commande et manipuler les données floues dans un régulateur flou [CAO 97];
- la base de règles représente la stratégie de commande et l'objectif désiré par le biais des règles de commande linguistiques [CAO 97].

IV.4.1.3 Inférence

Le bloc d'inférence est le cœur d'un régulateur flou, qui contient la capacité de simuler les décisions humaines et d'inférer les actions de commande floue à l'aide de l'implication floue et des règles d'inférence dans la logique floue [CAO 97] [ELB 09].

Les trois méthodes d'inférence les plus usuelles sont :
- ➤ Méthode d'inférence Max-Min (Méthode de Mamdani);
- ➤ Méthode d'inférence Max-Produit (Méthode de Larsen);
- ➤ Méthode d'inférence Somme-Produit.

Le tableau suivant résume la façon utilisée par ces trois méthodes d'inférence pour représenter
les trois opérateurs de la logique floue « ET, OU et ALORS ».

Opérateurs Flous Méthodes d'inférence	ET	OU	ALORS
Max-Min	Minimum	Maximum	Minimum
Max-Produit	Minimum	Maximum	Produit
Somme-Produit	Produit	Moyenne	Produit

Tab. IV. 3: Méthodes usuelles de l'inférence floue [ELB 10].

IV.4.1.4 Défuzzification

Le bloc défuzzification effectue les fonctions suivantes :
- ➤ Établit les plages de valeurs pour les fonctions d'appartenance à partir des valeurs des variables de sortie (non-floues) [CAO 97];
- ➤ effectue une défuzzification qui fournit un signal d'activation de commande non-floue à partir du signal flou déduit [CAO 97].

Plusieurs méthodes ont été élaborées pour faire cette opération. La méthode de défuzzification choisie est souvent liée à la puissance de calcul du système flou [ELB 09]. Parmi les plus couramment utilisées sont :

A. Méthode du maximum :

Comme son nom l'indique, la commande en sortie est égale à la commande ayant la fonction d'appartenance maximale. La méthode du maximum est simple, rapide et facile mais elle introduit des ambiguïtés et une discontinuité de la sortie.

B. Méthode de la moyenne des maximums

Cette méthode génère un signal de commande qui représente la valeur moyenne de tous les maximums, dans le cas où il existe plusieurs valeurs pour lesquelles la fonction d'appartenance résultante est maximale [CHA 10] [ELB 09].

C. Méthode du centre de gravité

Cette méthode est la plus utilisé dans les systèmes de commande floue. Elle génère une commande égale à l'abscisse du centre de gravité de la fonction d'appartenance résultante issue de l'inférence floue. Cette abscisse de centre de gravité peut être déterminée à l'aide de la relation suivante [ELB 09]:

$$x_G = \frac{\int x\mu_r(x)dx}{\int \mu_r(x)dx} \qquad (IV.1)$$

L'avantage principal de cette méthode est qu'elle tient compte de toutes les règles et ne présente pas une confusion de prise de décision, malgré sa complexité, puisqu'elle demande des calculs importants [ELB 09].

IV.5 Avantages et inconvénients de la commande par logique floue

La régulation par logique floue a un certain nombre d'avantages et d'inconvénients.

Les avantages essentiels sont [CAO 97] [ELB 09] :

- ➢ La non-nécessité de la modélisation approfondie du système à commander;
- ➢ La possibilité d'implanter des connaissances (linguistiques) à partir de manipulation de système;
- ➢ Le pouvoir de maîtriser un procédé fortement non-Linéaire et difficile à modéliser;
- ➢ L'obtention de meilleures performances dynamiques;
- ➢ La simplicité de définition et de conception par apport aux autres méthodes modernes telles que. : commande adaptative classique, commande par réseau de neurones).

Les inconvénients sont [CAO 97] [ELB 09]:

- ➢ L'imprécis de connaissances pour la conception d'un réglage (choix des grandeurs à mesurer, détermination de la fuzzification, des inférences et de la défuzzification);

➢ La difficulté de la démonstration de la stabilité du système de commande dans le cas d'absence d'un modèle du système à commander;

➢ La cohérence des inférences non garantie à priori (apparition de règles d'inférence contradictoires possible).

Dans tous les cas, on peut confirmer que la commande par logique floue présente une solution alternative par rapport aux commandes classiques [CAO 97]. Cela est confirmé par des travaux de recherche sur la BDFM (voir les Réf. [GOR 96] et [WAN 06]).

IV.6 Commande des puissances de la BDFM par logique floue

Dans cette partie, nous allons suivre les étapes d'application de la logique floue à la commande des puissances de la BDFM à partir des courants de bobinages de commande. Le contrôleur développé utilise le schéma proposé par Mamdani. A noter que toutes les notions présentées dans le troisième chapitre ont été conservées.

IV.6.1 Etude du comportement de La machine

A partir de l'algorithme de commande élaboré dans le chapitre III, nous pouvons établir la configuration générale de la boucle de commande des courants de BC pour la BDFM en négligeant les termes additionnels entre les axes d-q sur les fonctions de transfert tel qu'illustré à la figure IV.5.

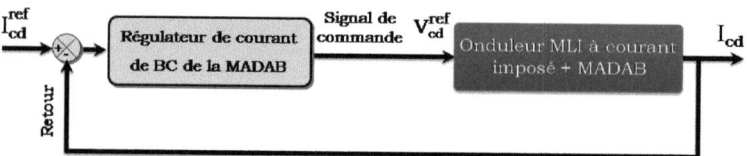

Fig. IV. 5 : Configuration de la boucle de commande des courants de BC.

Pour étudier le comportement de la BDFM avec asservissement des courants de BC, il suffit d'observer la réponse du système en boucle fermée des courants à la suite d'un changement de la consigne.

Une observation pratique de la réponse d'un échelon de consigne, comme représenté sur la figure IV.6.

La réponse actuelle peut être divisée en quatre régions [WAN 11] [LEE 90]:

R_I : Région de montée;
R_{II} : Région de dépassement;
R_{III} : Région d'amortissement;
R_{IV} : Région de régime permanent.

Nous pouvons facilement déduire de cette réponse que ce sont l'erreur de courant (e) et le changement de l'erreur (ce) qui peuvent le mieux la représenter [CAO 97].

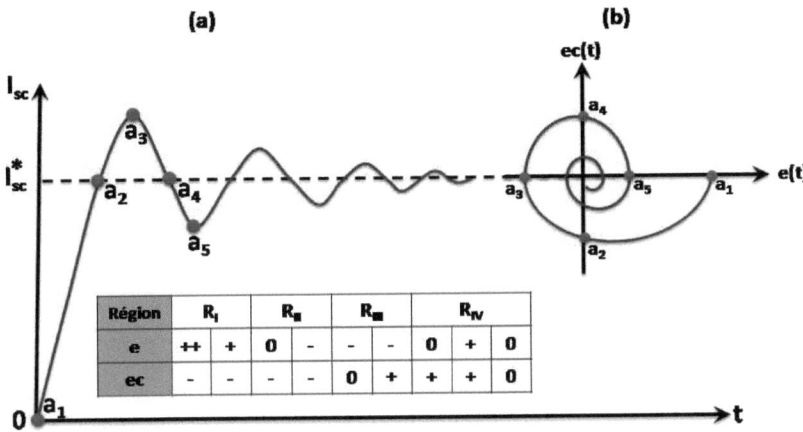

Fig. IV. 6 : Étude du comportement du système: (a) Réponse du système à un échelon de courant, (b) Trajectoire e-ce de courant.

La description du comportement du système peut être résumée dans le tableau suivant :

Région	e	ce	Action	U_f
R_I	++	-	L'erreur est très grande et positive, il faut commander une forte correction à la machine.	++
	+	-	L'erreur est positive et son changement est négatif ; comme le courant se rapproche de la consigne, la correction doit être faible	+
R_{II}	0	-	L'erreur est nulle, mais la vitesse tend à s'éloigner de la consigne, il faut diminuer le signal de commande.	-
	-	-	L'erreur est négative et tend à devoir encore plus négative, il faut beaucoup diminuer la commande.	-
R_{III}	-	0	L'erreur est négative et ne change pas, il faut apporter une correction moyenne.	-
	-	+	L'erreur est négative et son changement est positif, comme le courant se rapproche de la consigne, la correction doit être faible	-
R_{IV}	0	+	L'erreur est nulle, mais la vitesse tend à s'éloigner de la consigne; il faut un peu augmenter le signal de commande.	+
	+	+	L'erreur est positive et tend à devoir encore plus positive; il faut assez augmenter le signal de commande.	+
	0	0	L'erreur est nulle et ne change plus (régime permanent), le signal de commande doit être maintenu à sa valeur actuelle.	0

Tab. IV. 4: La description du comportement du système à commander [CAO 97] [WAN 11].

IV.6.2 Structure de base d'un régulateur flou des courants de BC

A partir de l'analyse préliminaire, nous pouvons remarquer que l'erreur de courant (e) et son changement (ce) sont les grandeurs les plus significatives pour la choisir comme deux entrées du régulateur flou de courant. Quant à la sortie, on choisit le signal de commande à appliquer au processus (U_f). Nous pouvons établir la configuration de la boucle de courant pour la BDFM à partir de la configuration générale (Figure IV.6) de manière à la qu'elle comporte le régulateur flou à la place d'un régulateur classique PI dans la structure de commande vectorielle tel qu'illustrée à la figure ci-dessous.

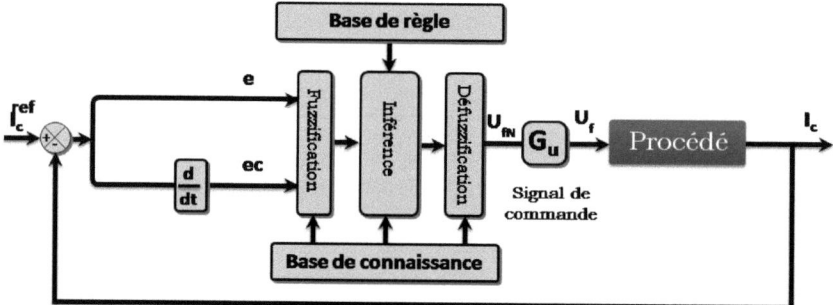

Fig. IV. 7 Configuration de la boucle de courant avec un régulateur flou.

Telles que présentés sur la figure IV.7, les entrées du régulateur flou se calculent à l'instant k de la manière suivante:

$$e_i(k) = i_c^{ref}(k) - i_c(k) \qquad (IV.2)$$

$$ce_i(k) = e_i(k) - e_i(k-1) \qquad (IV.3)$$

IV.6.3 Fuzzification

Dans cette étape, on fait la transformation des valeurs déterministes (non-floues) aux entrées en valeurs floues en utilisant les bases de données. Pour la fuzzification proprement dite, il faut choisir la stratégie de fuzzification et effectuer l'opération de fuzzification qui a pour forme symbolique [CAO 97] :

$$x = Fuzzification\ (x_0) \qquad (IV.4)$$

Où,

x_o : la valeur déterministe de l'entrée ;
x : un ensemble flou.

Cet opérateur de fuzzification calcule le degré d'appartenance à un ensemble flou pour une entrée déterministe (crisp) donnée [CAO 97].

La stratégie de fuzzification comprend le choix des fonctions d'appartenance. Dans cette étude, nous pouvons choisir la forme triangulaire en raison de sa simplicité [CAO 97].

IV.6.4 Bases de données
IV.6.4.1 Partition floue des espaces d'entrées et de sortie

Les grandeurs mesurées sont : les courants du BC et le consigne des courants. Par la suite, on cherchera les plages de valeurs des grandeurs d'entrées (courants) et de sortie (tensions) et de les répartir dans des espaces définis.

Après plusieurs essais en simulation, nous pouvons ajuster les plages suivantes des grandeurs d'entrée et de sortie :
- Erreur des courants e : (-0.33, 0.33) A ;
- Changement d'erreur ce : (-1000, 1000) A ;
- Signal de commande (sortie) : (-75, 75) V.

Pour répartir ces données dans les espaces flous, il faut tout d'abord définir des ensembles flous. Dans notre cas, on définit premièrement sept ensembles.

Remarque : le nombre des ensembles flous ne peut pas dépasser sept ensembles, par ce qu'il n'apporte aucun perfectionnement de performance dynamique du système. Par contre, un tel choix compliquait la formulation du réglage par logique floue [CAO 97].

Les différents ensembles sont caractérisés par des désignations standards :
- Négative Grande   NG
- Négative Moyenne   NM
- Négative Petite   NP
- Zéro   ZE
- Positive Petite   PP
- Positive Moyenne   PM
- Positive Grande   PG

La figure IV.8 présente le diagramme de répartition floue pour les grandeurs suivantes:
- Erreur de courant e
- Changement d'erreur de courant ce
- Signale de commande U_f.

Comme indiqué à la figure IV.8, la forme des fonctions d'appartenance triangulaire est utilisée à part les extrémités où la forme trapézoïdale est employée et que la répartition des ensembles flous sont symétriques, non-équidistante dans notre choix et avec chevauchement.

La signification des symboles et les plages de valeurs désignées aux ensembles flous sont indiquées au Tab. IV.5.

Signification	Symbole	Erreur de courant [A]	Changement de d'erreur de courant [A]	Signale de commande [V]
Négative Grande	NG	-0.33 → -0.103	-1000 → -100	-75 → -15
Négative Moyenne	NM	-0.206 → -0.033	-400 → -50	-37.5 → -1.5
Négative Petite	NP	-0.103 → 0	-100 → 0	-0.1 → 0
Zéro	ZE	-0.033 → 0.033	- 50 → 50	-1.5 → 1.5
Positive Petite	PP	0 → 0.103	0 → 100	0 → 15
Positive Moyenne	PM	0.033 → 0.206	50 → 400	1.5 → 37.5
Positive Grande	PG	0.103 → 0.33	100 → 1000	15 → 75

Tab. IV. 5: Définition des ensembles flous pour le régulateur du courant

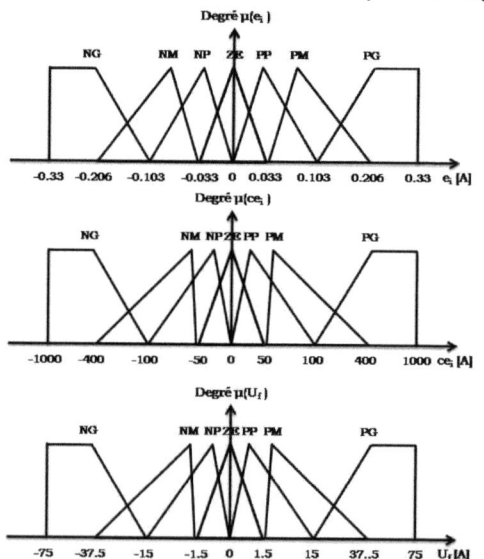

Fig. IV. 8 Diagramme des fonctions d'appartenance avec les plages de valeurs [TIR 13a].

IV.6.4.2 Normalisation des plages de valeurs

Afin de concevoir un régulateur universel, nous pouvons transformer les plages de valeurs en plages normalisées. Par conséquent, les gains d'entrée et de sortie sont introduits:

$$G_e = \frac{e_{iN}(k)}{e_i(k)} \quad \text{(IV.5)}$$

$$G_{ce} = \frac{ce_{iN}(k)}{e_i(k)} \quad \text{(IV.6)}$$

$$G_u = \frac{U_f(k)}{U_{fN}(k)} \quad \text{(IV.7)}$$

Les gains sont déduits directement à partir des plages de valeurs données dans la figure IV.9 et au Tab. IV.5. Ce sont: G_e = 3, G_{ce} = 0.0001 et G_u = 75.

La configuration de base d'un régulateur flou de la figure IV.7 peut être remplacée par celle présentée sur la figure IV.9.

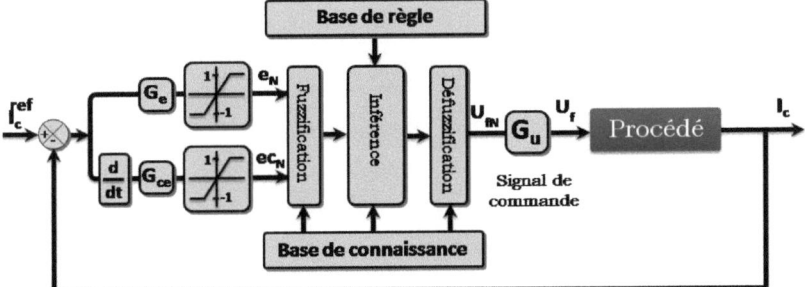

Fig. IV. 9 : Configuration de la boucle des courants avec un régulateur flou avec l'introduction des gains

Remarque : Un bon choix de plages de valeurs avec une bonne répartition peut garantir une conception réussie du régulateur [CAO 97].

IV.6.5 Bases des règles

La stratégie de commande et le but désiré par le biais des règles de commande linguistiques sont représentés par une base de règles [CAO 97] [ELB 10].

Les règles résultent donc des sources suivantes:
- ➢ Expériences d'experts;
- ➢ Connaissances de commande;
- ➢ Actions des opérateurs de commande;
- ➢ Apprentissage du régulateur.

Nous pouvons établir les règles de commande à partir de l'étude du comportement du système en boucle fermée, qui relient la sortie avec les entrées. Comme nous l'avons constaté, il y a sept ensembles flous, ce qui implique 49 combinaisons possibles de ces entrées. Elles sont représentées par la matrice d'inférence suivante :

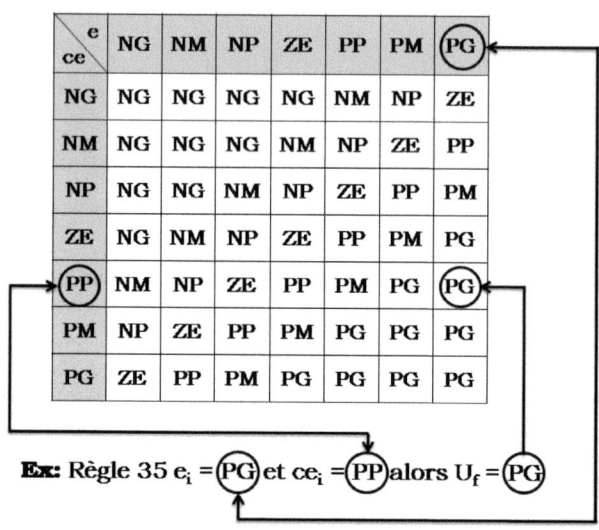

Tab. IV. 6: Table de règles pour le régulateur flou de courant.

IV.6.6 Méthode d'inférence

Il y a plusieurs méthodes d'inférence pour réaliser les opérateurs flous. Dans notre travail, on a adopté la méthode d'inférence "Somme-produit". Dans cette méthode, l'opérateur « ET » est représenté par la fonction Produit, l'opérateur « OU» par la fonction Somme ou Moyenne et pour la conclusion, l'opérateur « ALORS » est représenté par la fonction Produit [ELB 10].

Alors la sortie floue résultante du régulateur c'est la contribution des 49 règles floues de la matrice d'inférence ; elle est donnée par :

$$\mu_{rés}(x) = \frac{1}{49} \sum_{i=1}^{49} \mu_{ri}\, \mu_{xi}(x) \qquad (IV.8)$$

Tels que :

μ_{ri} : le degré de vérification de la condition de la $i^{ème}$ règle (produit du degré d'appartenance de e et ce aux deux ensembles flous de la $i^{ème}$ règle) ;

μ_{xi} (x) : l'ensemble flou de la commande Δ correspondant à la conclusion de la $i^{ème}$ règle et x est une valeur de la commande variant dans l'univers de discours.

IV.6.7 Défuzzification

Lorsque les sorties floues sont calculées, il faut les convertir en une valeur déterministe à partir de la surface totale de toutes les fonctions d'appartenance [CAO 97].

Les méthodes de défuzzification les plus utilisées sont la méthode de centre de gravité et la méthode des hauteurs [CAO 97], qu'on a appliqué dans ce travail.

L'abscisse du centre de gravité correspondant à la sortie du régulateur est donnée par la relation suivante :

$$U_{fN}(x) = \frac{\int_{-1}^{1} x\mu_{rés}(x)dx}{\int_{-1}^{1} \mu_{rés}(x)dx} \qquad (IV.9)$$

Par la méthode des hauteurs, la valeur résultante U_f est la moyenne de tous les centres de gravité individuels, divisée par leurs hauteurs (degré d'appartenance) [TIR 13a] [ELB 10]:

$$U_{fN}(x) = \frac{\sum_{-1}^{1} u_{f(k)}\mu(u_{f(k)})}{\sum_{-1}^{1} \mu(u_{f(k)})} \qquad (IV.10)$$

Où, n est le nombre des fonctions d'appartenance de la sortie.

La figure IV.10 illustre la différence entre ces deux méthodes de defuzzification dans le cas particulier de deux fonctions d'appartenance de la sortie U_f: Positive Petite (PP) et Positive Moyenne (PM).

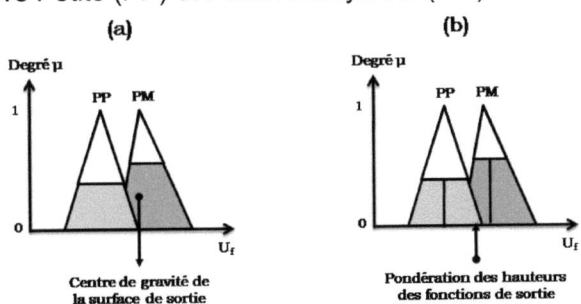

Fig. IV. 10 : Méthodes de défuzzification [CAO 97].

IV.7 Commande des courants du BC par logique floue hybride
IV.7.1 Synthèse d'un régulateur flou plus Intégrateur

Afin d'améliorer la performance du régulateur flou, nous proposons un régulateur hybride de flou plus intégrateur (F+I) pour la BDFM, comme le montre la figure IV.11.

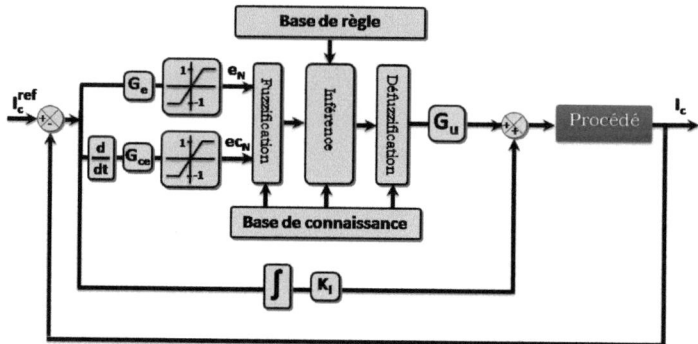

Fig. IV. 11 : Configuration du régulateur hybride (F+I) [TIR 13a]

Le signal de sortie est calculé par la relation suivante :

$$U(t) = \left[U_f(t) + K_i \left(\frac{1}{s}\right) e(t) \right] \quad \text{(IV.11)}$$

Ce régulateur est construit en ajoutant le terme intégral (K_i) au régulateur flou. L'action intégrale a essentiellement pour rôle d'éliminer l'erreur statique et l'autre action (flou) joue un rôle d'amélioration du dépassement et le temps de réponse du système, finalement, on obtient un régulateur qui regroupe les avantages d'un régulateur avancé (flou) et d'un régulateur classique (PI). [TIR 13a].

IV.7.2 Synthèse d'un régulateur flou plus Intégrateur et Dérivateur

Aussi, Pour augmenter la stabilité du système, on ajoute une autre action nommée : action dérivée (K_d) comme l'indique la figure IV. 12.

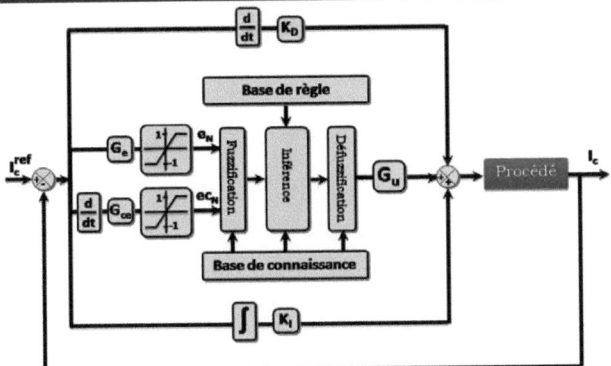

Fig. IV. 12 : Configuration du régulateur flou hybride (F+ID) [TIR 13b]

Le signal de commande est donné par :

$$U(t) = \left[U_f(t) + \left(K_i\left(\frac{1}{s}\right) + K_D\, s\right)e(t)\right] \quad (IV.12)$$

Ce régulateur (F+ID) aura aussi pour effet de réduire le dépassement, et d'améliorer la réponse transitoire [TIR 13b].

IV.8 Résultats de simulation et évaluation

Nous allons maintenant reprendre le même schéma de la commande vectorielle sauf que cette fois-ci les régulateurs de courants de BC sont des régulateurs flous ou hybride (Figure IV.13).

Chapitre IV : Commande par Logique Floue et Hybride des Puissances de la BDFM

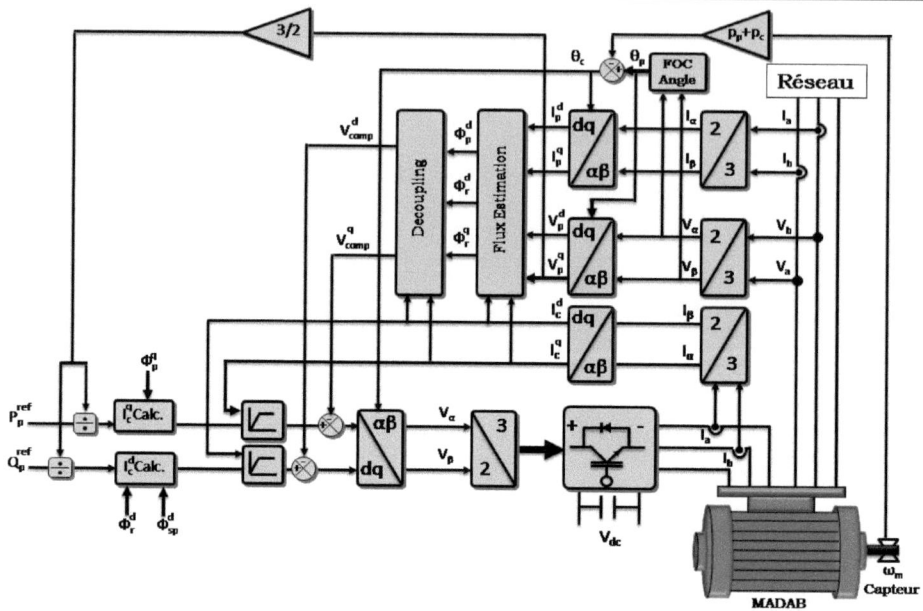

Fig. IV. 13 : Schéma bloc global du régulateur flou ou hybride.

Dans cette partie, on va comparer les performances des différents régulateurs cités dans ce chapitre, en utilisant le modèle de la BDFM à flux statorique orienté pour chaque série d'essais (suivi de consigne, sensibilité aux perturbations et robustesse).

Les simulations du système (BDFM + régulateur) ont été réalisées à l'aide de Matlab/ Simulink/ SimPowSystem.

La BDFM est de 2,6 kW avec leurs paramètres utilisés dans la simulation sont donnés à titre suivant [POZ 03] :

> 220 V, 50 Hz, p_p=1, p_c=3, 750 tr/mn, R_{sp} = 1.732 Ω, R_{sc} = 1.079 Ω, R_r = 0.473Ω, L_{sp} = 714.8 mH, L_{sc}= 121.7 mH, L_{mp}=242.1 mH, L_{mc}=59.8 mH and L_r = 132.6 mH.

Le convertisseur côté réseau a pour rôle de maintenir la tension du bus continu constante de valeur à 400 V.

Les quatre régulateurs ont été testés selon la méthode de la régulation indirecte des puissances. Cette méthode permet de contrôler les puissances de la BDFM à partir des courants du bobinage de commande.

IV.8.1 Performances des régulateurs
IV.8.1.1 Suivi des consignes

Le premier essai consiste à appliquer des échelons de puissances active et réactive avec la vitesse d'entrainement fixe à la valeur de 710 tr/min à t=5.2 s, et l'échelon de puissance active P_{ref} passe de -500 à -1500 W à t=5.6 s et l'échelon de puissance réactive Q_{ref} passe de 0 à -500 VAR à t=5.6s.

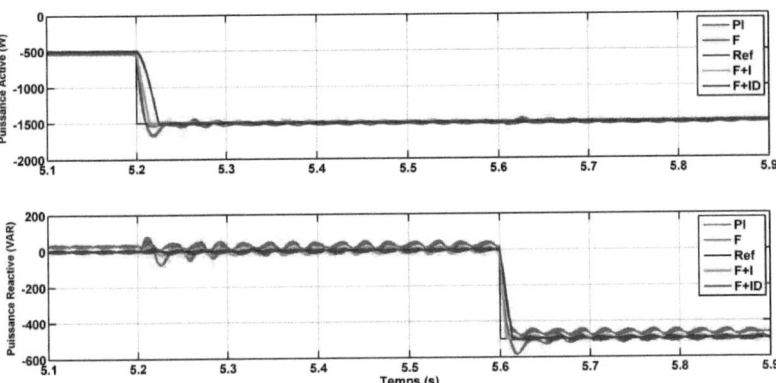

Fig. IV. 14: Suivi de consigne de puissances active et réactive.

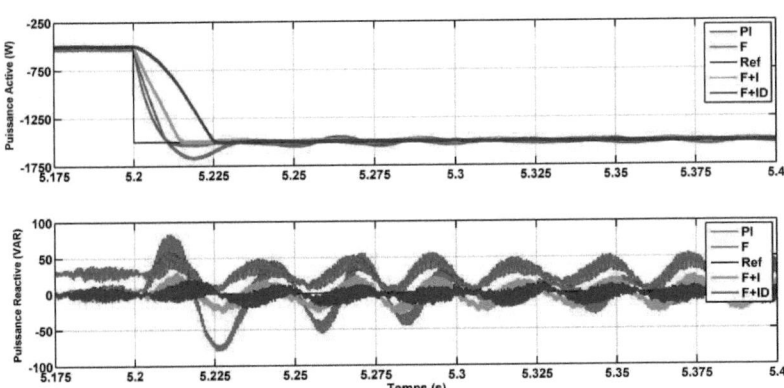

Fig. IV. 15 : Zoom du suivi de consigne de puissances active et réactive

Les figures IV.14 et IV.15 montrent la supériorité des régulateurs hybrides (F+I et FL+ID) qui minimisent l'amplitude des oscillations et les erreurs statiques. Notons aussi que les régulateurs PI sont très sensibles aux variations même faibles des paramètres de réglages. C'est pourquoi, dans le cadre de cet essai les performances des régulateurs hybrides peuvent être considérées comme équivalentes.

Nous pouvons encore observer la présence d'une erreur statique sur les deux axes pour le régulateur flou (F) (voir Figure IV.15). Ceci est du au fait que dans ce mode de commande, il y a absence de l'opération d'intégration interne. Par contre, pour le reste des régulateurs, on ne voit pas d'erreurs statiques à cause de la présence de l'action intégrale.

IV.8.1.2 Sensibilité aux perturbations

Cette partie nous permet de vérifier la sensibilité des régulateurs des puissances lorsque la vitesse de rotation de la BDFM varie lentement de 710 tr/mn à 840 tr/mn tandis que la vitesse de synchronise vaut 750 tr/mn, le consigne de puissance active sera fixé à −1500 W et le consigne de puissance réactive fixe de -500 VAR.

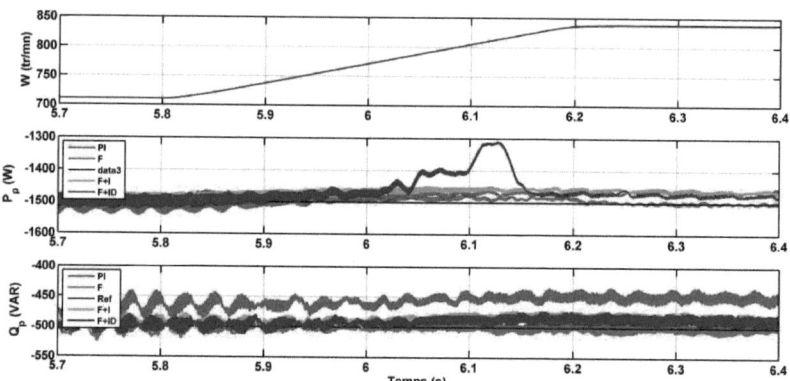

Fig. IV. 16 : Effet sur les puissances d'une variation de vitesse.

L'effet de cette variation de vitesse sur les puissances active et réactive est montré clairement sur la figure IV.16. Sur cet essai, les limites du régulateur F+ID apparaissent nettement. Pour le régulateur flou (F), les puissances montrent alors un écart important par rapport à la valeur de la consigne. En revanche, le contrôle par la logique floue hybride (F+I) montre un excellent rejet de la perturbation et avec des erreurs statiques presque nulle.

IV.8.1.3 Robustesse

L'essai de robustesse consiste à faire varier les paramètres du modèle de la BDFM. En effet, dans un système réel, les paramètres de la BDFM sont soumis à des variations entraînées par différents phénomènes physiques (saturation des inductances, échauffement des résistances, court circuit partial...) [POI 03].

Les conditions de l'essai sont :
> Résistances R_{sp}, R_{sc} et R_r multipliées par 1.25.
> Inductances L_{sp}, L_{sp}, Lr, L_{mp} et L_{mc}, divisées par 1.25
> Machine entraînée à 840 tr/min.

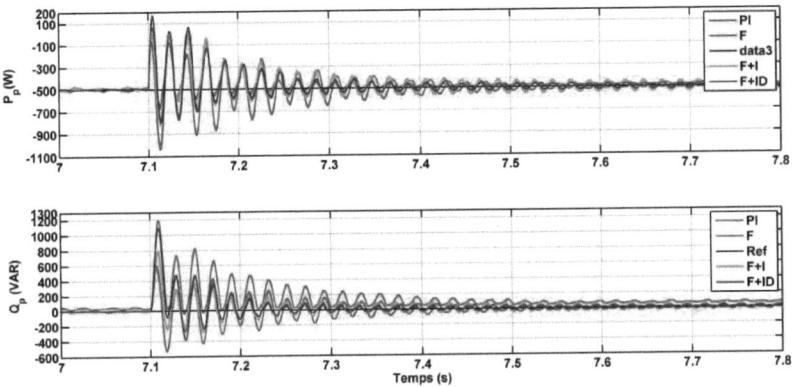

Fig. IV. 17 : Effet sur les puissances d'une variation de vitesse.

Les variations des paramètres augmentent nettement l'amplitude des oscillations transitoires dans le cas des régulateurs (PI, F et F+ID) et l'utilisation du régulateur F+I permet de minimiser ces oscillations et d'obtenir un très bon comportement mêmes dans le cas des variations importantes de paramètres imposées ici.

IV.8.2 Performances du système global : Turbine + BDFM + Convertisseur AC-DC-AC.

Les résultats de simulation de la BDFM intégrée au système de conversion d'énergie éolienne, obtenus sous logiciel de Matlab/Simulink/SimPowSystem sont représentés et expliqués ci-dessous et où la puissance active de référence (P_{ref}) de la BDFM est limitée à la valeur de −2.5 kW (le signe négatif signifie une puissance produite), et pour maintenir le facteur de puissance unitaire la puissance réactive de référence est fixée à une valeur nulle Q_{ref} = 0.

La figure IV.18 représente l'allure du profil émise du vent de EDF. La vitesse mécanique de la BDFM est représentée par la figure IV.19. Il est à noter que les vitesses prennent des valeurs inférieures et supérieures à la vitesse nominale, afin de mettre en évidence les deux zones de fonctionnement du système.

La puissance mécanique de la BDFM issue de la turbine est illustrée par la figure IV.20.

Les deux composantes du flux de BP de la machine selon les deux axes d-q sont données par la figure IV.21. On remarque que la composante du flux quadratique (ψ_{sp}^q) est nulle, et la composante du flux statorique directe (ψ_{sp}^d) poursuit sa référence ; cela est du au contrôle par orientation du flux statorique de BP.

La figure IV.22a montre l'évolution de la tension et du courant statoriques de la première phase de BP, et les évolutions du courant i_{ap} et de la tension v_{sp} sur 0.1s sont représentées par la Fig. IV.22b. Celles-ci dévoilent que la tension et le courant sont presque déphasés de 180°, c'est-à-dire de signe opposé, ce qui signifie que la puissance produite est de signe négatif.

Le courant et la tension de BC de la BDFM concernant la première phase sont représentés la figure IV.23a. Leurs évolutions entre 1.5 et 1.8s sont illustrées par la figure 23b.

L'allure du courant rotorique i_r obtenue est donnée par la figure IV.24. Celui-ci évolue de la même manière que les courants statoriques, néanmoins avec des fréquences différentes.

La figure IV.25 représente les allures des puissances statoriques active et réactive produite par BP de la BDFM. La puissance active évolue de la même façon que la puissance mécanique tout en présentant des fluctuations. Par contre, La puissance réactive varie légèrement autour de sa valeur de référence imposée nulle afin de maintenir le facteur de puissance coté réseau unitaire.

L'évolution de la tension du bus continu est donnée par la figure IV.26, où la tension de référence est égale à 400 V.

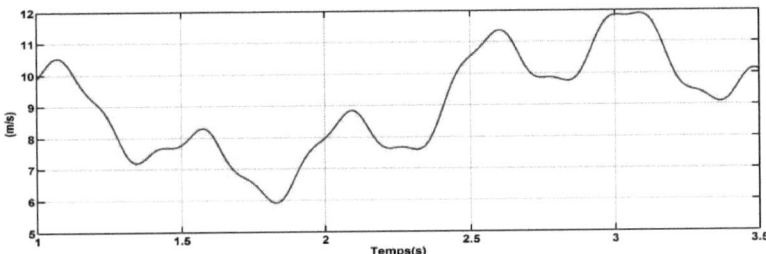

Fig. IV. 18 : Vitesse du vent.

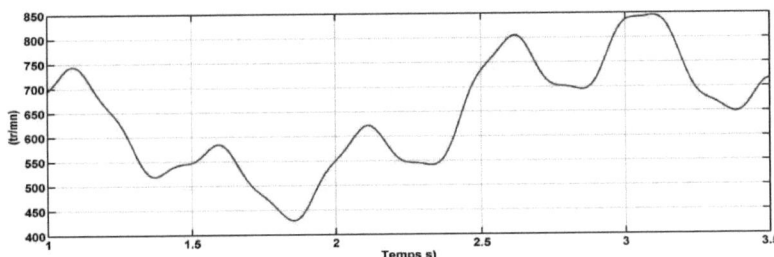

Fig. IV. 19 : Vitesse mécanique de la BDFM.

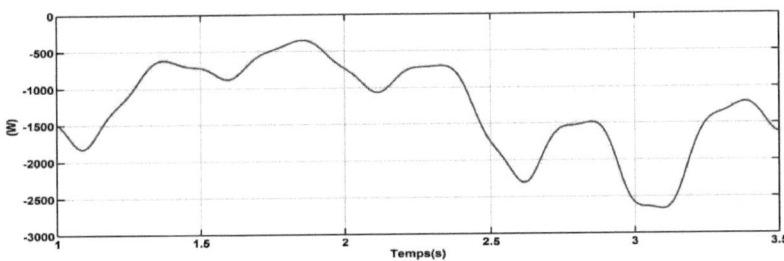

Fig. IV. 20 : Puissance mécanique de la BDFM.

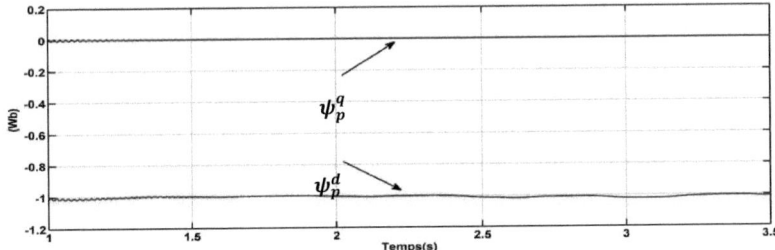

Fig. IV. 21 : Flux rotoriques de la BDFM direct et quadratique.

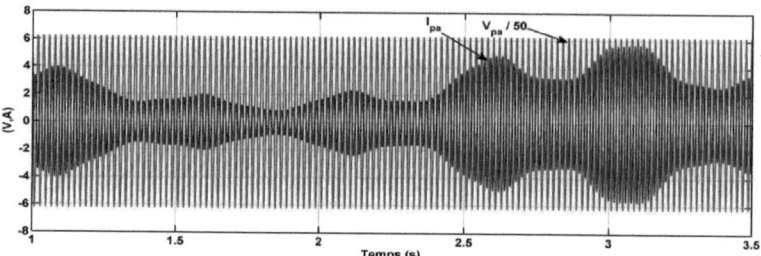

Fig. IV. 22a : Tension et courant du BP de la BDFM.

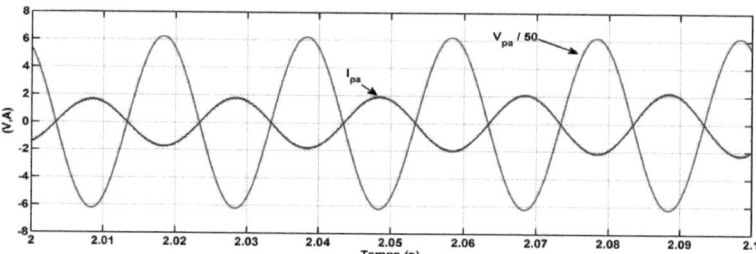

Fig. IV. 23b : Zoom de tension et courant du BP de la BDFM.

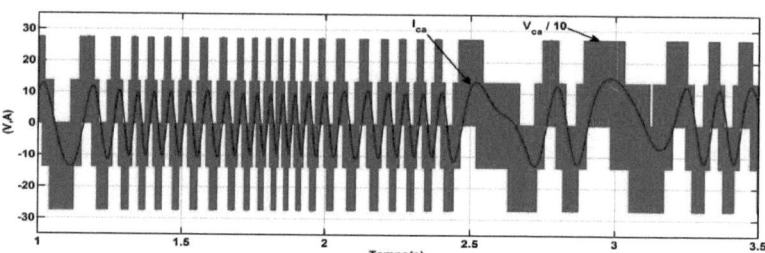

Fig. IV. 24a : Tension et courant du BC de la BDFM.

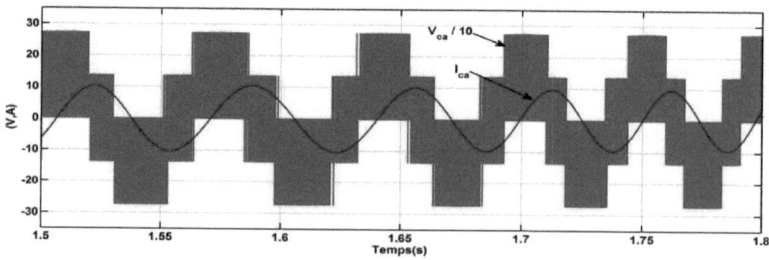

Fig. IV. 25b : Zoom de tension et courant du BP de la BDFM.

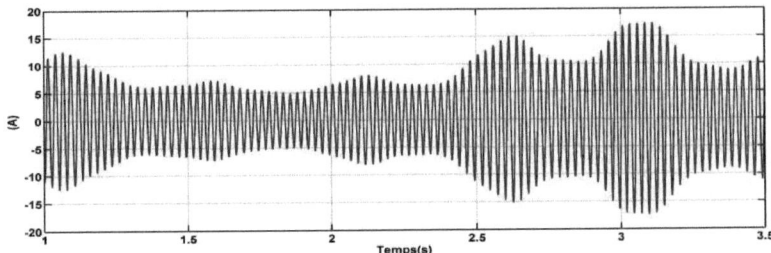

Fig. IV. 26 : Courant rotorique de la BDFM.

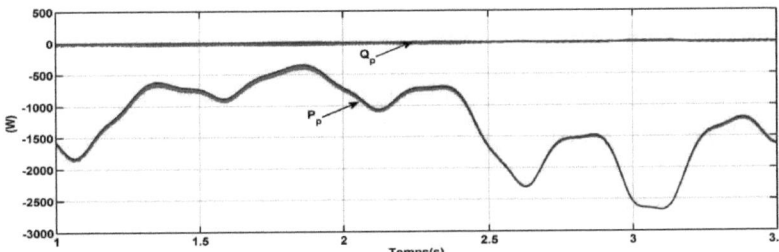

Fig. IV. 27 : Puissances statoriques active et réactive de la BDFM.

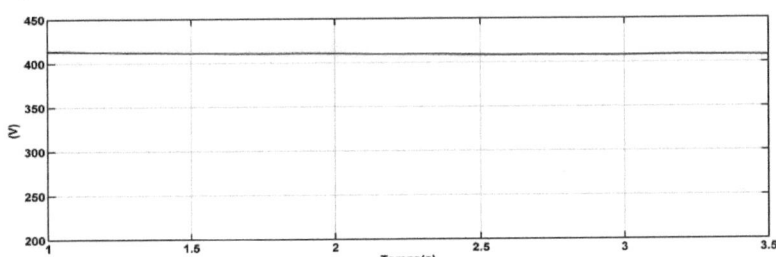

Fig. IV. 28 : Tension du bus continu.

IV.9 Conclusion

Dans ce chapitre, nous avons modélisé et commandé le système de conversion d'énergie éolienne, constitué d'une machine asynchrone à double alimentation sans balais pilotée par un convertisseur MLI et reliés au réseau via un bus continu.

Dans cette partie, nous avons pu établir la synthèse de quatre régulateurs conventionnels de philosophies différentes pour la commande de la BDFM. Un régulateur Proportionnel-Intégral, un régulateur flou, un régulateur hybride de la logique floue plus intégrateur et/ou dérivateur. Les différences entre les quatre régulateurs sont peu significatives en ce qui concerne l'amplitude d'oscillations transitoires. La commande par l'hybridation de la logique floue + Intégrateur est presque insensible à l'échelon de vitesse imposé à la machine.

La régulation du bus continu a été accomplie par des régulateurs PI. Cela, afin de faire fonctionner l'éolienne dans les deux zones de fonctionnement de manière à extraire le maximum de puissance de l'énergie du vent.

En termes de résultats obtenus, on peut confirmer théoriquement que les performances de la commande par l'hybridation sont satisfaisantes et que la régulation des puissances transitées est acceptable. Cependant, à l'état pratique, la commande et le réglage par logique floue peuvent être relativement longs. Il s'agit parfois beaucoup plus de temps de calcul ce qui va impliquer un ordinateur puissant c.à.d l'augmentation le coût du système.

Pour alléger ce problème, on proposera dans le chapitre suivant, une nouvelle approché de commande PID de la BDFM basé sur la théorie de la logique floue.

Chapitre V
Nouvelle Approche de Commande PID de la BDFM Basée sur la Théorie de la Logique Floue

V.1 Introduction

Ce chapitre présente une nouvelle approche de la commande des puissances active et réactive de bobinage de puissance de la machine asynchrone à double alimentation sans balais. La première partie présente une introduction sur la méthode, la seconde partie porte sur la synthèse des quatre régulateurs testés : PID, Flou, Nouveau PD (NPD) et Nouveau PID (NPID). La troisième partie compare les performances de ces trois régulateurs en termes de suivi de consigne, sensibilité aux perturbations et robustesse vis à vis des variations des paramètres de la BDFM.

Finalement, les performances de ce système seront présentées et commentés après visualisation et illustration des résultats de simulation.

V.2 Présentation d'une nouvelle approche de la commande PID

Un nombre important de travaux de recherche ont été présentés portant sur différents types de commande des machines électriques tournantes telles que : MAS, MS, MADA et BDFM. Ces systèmes de commande sont généralement basés sur le concept de la commande vectorielle avec des régulateurs classiques PI. En général, le régulateur PI est largement utilisées dans divers systèmes de commande de processus industriel en raison de leur simplicité et de l'efficacité [DEY 13] [WAN 11] [FEN 06], en revanche, ce type de régulateur n'est pas approprié pour les systèmes vagues et fortement non linéaires dont les modèles mathématiques sont difficiles à obtenir. Cependant, il a été constaté que la commande par logique floue a de meilleures capacités de manipulation des machines précitées comme il a été proposé par BV Gorti avec son équipe [GOR 96] et Qi Wang avec son équipe [WAN 06], sa capacité d'adaptation et l'efficacité , en particulier dans les situations où les techniques de conception de commande classique ont été difficiles à appliquer [WAN 11], [FEN 06], [LEE 11], [LI 95]. En outre, l'inconvénient principal du contrôleur flou est que le valeur de sa sortie est calculé par 81 règles flous si-alors, comme dans [GOR 96], et ce n'est pas forcément pratique, à cause du fort calcul imposé. Pour alléger ces problèmes, nous proposons une nouvelle approche de la commande PID de la BDFM basée sur la théorie de la logique floue. Cette nouvelle approche est réalisée par l'application de la méthode d'inférence Somme-Produit-Gravité (ISPG) [MIZ 95] [QIA 96] [MIZ 96] et de la méthode de Raisonnement Flou Simplifié (RFS) [HAY 99] [MIZ 95] [QIA 96] [MIZ 96]. En partant du concept de la commande floue à quatre règles, et après, on va remplacera tout simplement les règles floues « Si-Alors » par une simple opération mathématique. On démontrera que ce type de configuration de commande essai d'alliez les avantages des commande classiques telles que : PI, PD et PID et de la commande par la logique floue.

V.3 synthèse des régulateurs

Dans cette partie, nous avons choisi d'étudier la commande de la BDFM en génératrice en utilisant quatre types de régulateurs. Le PID servira de référence de comparaison car c'est le plus utilisé. Les résultats qu'il donne en termes de suivi de consigne, sensibilité aux perturbations et robustesse vis-à-vis des variations de paramètres seront comparés à celle d'un régulateur flou. Le nouveau régulateur (NPID) fera l'objet d'une comparaison avec les régulateurs flou et PID.

V.3.1 synthèse du régulateur PID

La commande par PID est simple et rapide à mettre en œuvre. La figure V.1 montre un système en boucle fermée corrigé par un régulateur PID.

Dans notre cas, la fonction de transfert du régulateur est :

$$TF_{PID} = K_p + \frac{K_i}{s} + s\,K_d \qquad (V.1)$$

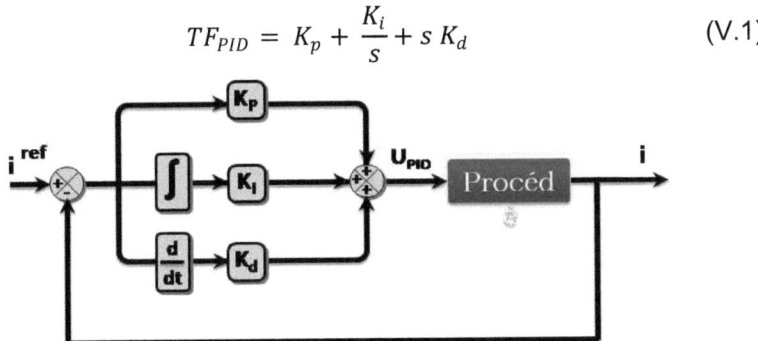

Fig. V. 1 : Schéma bloc d'un système régulé par un PID.

Les termes du régulateur (*k$_i$*, *k$_p$* et *k$_d$*) peuvent être calculés simplement en spécifiant la fréquence naturelle et l'amortissement du système en boucle fermée. La fréquence souhaitée naturelle (ω_n) et l'amortissement (ξ) sont fixés respectivement à 37 rad / s et 70,7%, ce qui permet de déterminer les paramètres suivantes :

$$\begin{cases} K_p = 6.4 \\ K_i = 160.5 \\ K_d = -0.024 \end{cases} \qquad (V.2)$$

V.3.2 Synthèse de la commande par logique floue

La stratégie de commande de la MADA décrite au paragraphe IV.2 du chapitre précédent a déjà été étudiée dans le cas de la régulation floue. En effet, cette méthode permet d'obtenir une loi de réglage souvent très efficace sans devoir faire connaitre des modèles mathématiques des systèmes à commander [CAO 97]. Contrairement au régulateur PID classique

Dans cette section, nous allons exposer les bases générales de la commande par logique floue et la procédure générale de la conception d'un réglage par logique floue.

Le schéma bloc du régulateur flou est donné par la figure V.2.

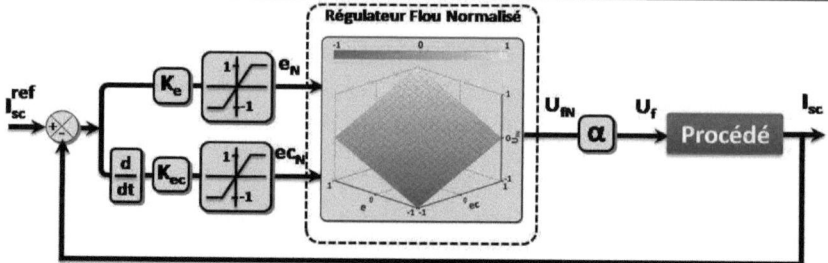

Fig. V. 2 : Configuration de base d'un régulateur flou.

V.3.3 Synthèse de la nouvelle commande PID (NPID)

L'inconvénient principal du régulateur flou, c'est que la valeur de la sortie de commande est calculée de 4 à 81 Règles floues « Si-Alors » en fonction de l'erreur (e) et son changement (ce), ce n'est pas forcément pratique parce qu'il est compliqué et le calcul d'inférence prend beaucoup de temps [MIZ 95]. Dans cette section, nous exposons une analyse d'une novelle approche de la commande PID (NPID), en remplaçant simplement les règles floues « si-alors » par une somme algébrique de l'erreur et son changement normalisés. En outre, nous allons également démontrer que les performances du nouveau régulateur sont équivalentes au régulateur flou.

V.3.3.1 Analyse du nouveau régulateur NPID:

Le schéma synoptique du régulateur NPD proposé est représenté sur la figure V.3.

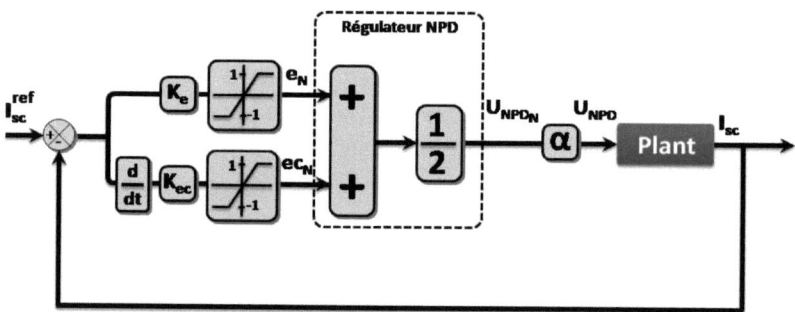

Fig. V. 3 : Schéma bloc du nouveau régulateur.

Les variables d'entrée du régulateur flou sont les signaux d'erreur e_N et son changement ce_N et la variable de sortie du contrôleur flou U_{fN}.

Les fonctions d'appartenance de e_N, ec_N et U_{fN} sont $A_i(e)$, $B_j(ec)$ et U_{ij}, respectivement,

Où

$(i \in I = [-1, +1], j \in J = [-1, +1])$. et $U_{ij} \in U_{fN} (i \in I, j \in J)$.

Dans cette étude, les règles de base floue de régulateur flou seront réduites en quatre règles :

Règle 1 : si e_N est A_{NG} et ec_N est B_{NG} Alors U_{fN} est U_{NG}
Règle 2 : si e_N est A_{NG} et ec_N est B_{PG} Alors U_{fN} est U_{ZE}
Règle 3 : si e_N est A_{PG} et ec_N est B_{NG} Alors U_{fN} est U_{ZE}
Règle 4 : si e_N est A_{PG} et ec_N est B_{PG} Alors U_{fN} est U_{PG}

Où A_{NG}, A_{PG}, B_{NG}, B_{PG}, U_{NG}, U_{PG} et U_{ZE} sont des ensembles flous.

La valeur de la partie antécédente d'une règle sera

$$\mu_{ij} = A_i(e_N) B_j(ec_N) \ (i \in I, j \in J) \qquad (V.3)$$

Après avoir traité les entrées à travers la base de connaissances et le mécanisme d'inférence, la prochaine étape représente la défuzzification par la méthode du centre de gravité [WAN 11], [LEE 11], [LI 95]. Par conséquent, le signale de commande U_{fN} peut être calculé comme [MIZ 95], [QIA 96], [BRE 94] :

$$U_{fN} = \frac{\sum_{i,j} \mu_{ij} U_{ij}}{\sum_{i,j} \mu_{ij}} \qquad (V.4)$$

La méthode de produit-somme de gravité [PSG] [HAY 99] [MIZ 95] [QIA 96] [MIZ 96], s'illustre comme la Figure suivante

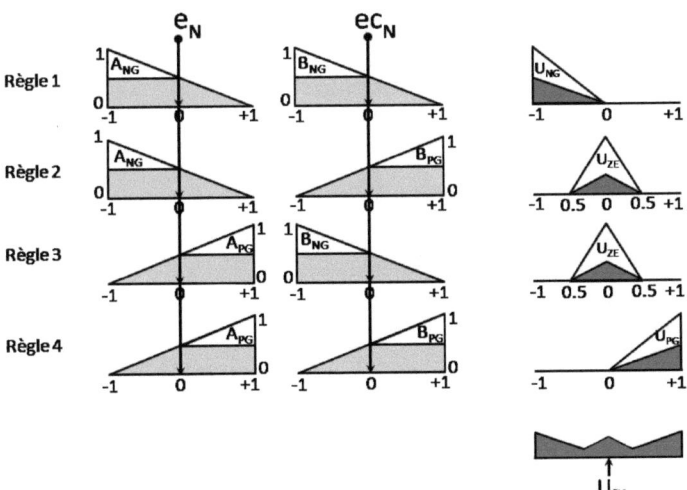

Fig. V. 4 : Méthode de produit-somme de gravité.

A noter qu'il est possible de simplifier la méthode de produit-somme de gravité par une autre méthode de raisonnement flou simplifié [HAY 99] [MIZ 95] [QIA 96] [MIZ 96] (Fig. V.5).

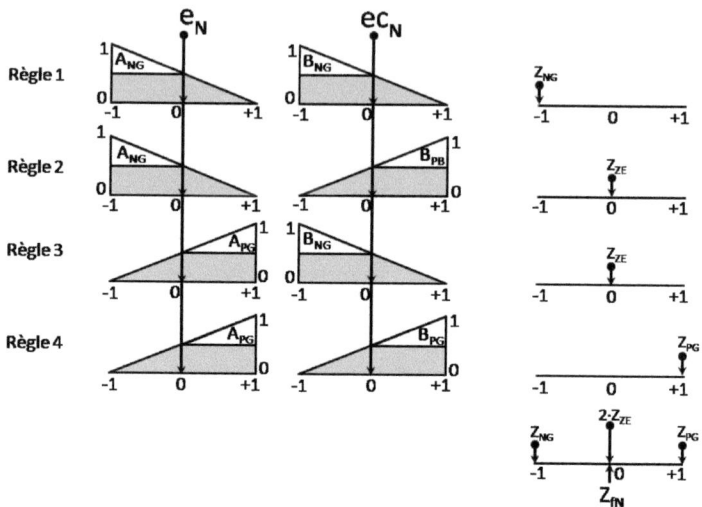

Fig. V. 5 : Méthode de raisonnement flou simplifié.

Ainsi, nous montrons que la méthode de raisonnement flou simplifié est considérée comme un cas particulier de la méthode produit-somme-gravité [MIZ 95] [QIA 96] [MIZ 96]. Nous pouvons donner une méthode de raisonnement flou simplifié pour former les règles floues suivantes:

Règle 1 : si e_N est A_{NG} et ec_N est B_{NG} Alors Z_{fN} est Z_{NG}
Règle 2 : si e_N est A_{NG} et ec_N est B_{PG} Alors Z_{fN} est Z_{ZE}
Règle 3 : si e_N est A_{PG} et ec_N est B_{NG} Alors Z_{fN} est Z_{ZE}
Règle 4 : si e_N est A_{PG} et ec_N est B_{PG} Alors Z_{fN} est Z_{PG}

Où Z_{NB}, Z_{PB} et Z_{ZE} sont des nombres réels.

La description mathématique de fonctions d'appartenance A_i et B_i est respectivement donnée par

Et
$$A_{NG}(e) = \begin{cases} 1 & e_N \leq -1 \\ \frac{1}{2}(1 - e_N) & -1 \leq e_N \leq +1, \\ 0 & +1 \leq e_N \end{cases} \quad (V.5)$$

$$A_{PG}(e) = \begin{cases} 0 & e_N \leq -1 \\ \frac{1}{2}(1+e_N) & -1 \leq e_N \leq +1, \\ 1 & +1 \leq e_N \end{cases}$$

$$B_{NG}(ec_N) = \begin{cases} 1 & ec_N \leq -1 \\ \frac{1}{2}(1-ec_N) & -1 \leq ec_N \leq +1, \\ 0 & +1 \leq ec_N \end{cases}$$

$$B_{PG}(ec_N) = \begin{cases} 0 & ec_N \leq -1 \\ \frac{1}{2}(1+ec_N) & -1 \leq ec_N \leq +1 \,, \\ 1 & +1 \leq ec_N \end{cases}$$

Pour $Z_{fN} \in [0, +1]$

En tout point du plan (e_N-ec_N), le signal de commande peut être aussi

$$Z_{fN} = \frac{\sum_{\substack{k=(NG,PG) \\ t=(NB,PB)}} (A_k(e_N) B_t(ec_N)) Z_{kt}}{\sum_{\substack{k=(NG,PG) \\ t=(NG,PG)}} A_k(e_N) B_t(ec_N)} \quad (V.6)$$

On a,

$$A_{NG}(e_N) + A_{PG}(e_N) = 1 \text{ et } B_{NG}(ec_N) + B_{PG}(ec_N) = 1. \quad (V.7)$$

Le dénominateur de l'équation (V.6) est :

$$\sum_{\substack{k=(ZE,PG) \\ t=(ZE,PG)}} A_k(e_N) B_t(ec_N)$$
$$= A_{NG}(e_N) B_{NG}(ec_N) + A_{PG}(e_N) B_{NG}(ec_N) \quad (V.8)$$
$$+ A_{NG}(e_N) B_{PG}(ec_N)$$
$$+ A_{PG}(e_N) B_{PG} = (A_{NG}(e_N) + A_{PG}(e_N))(B_{NG}(ec_N) +$$
$BPGecN=1$

Par conséquent, le numérateur de l'équation (V.6) peut être simplifié par

$$Z_{fN} = \sum_{\substack{k=(NG,PG) \\ t=(NG,PG)}} (A_k(e_N) B_t(ec_N)) Z_{kt}$$
$$= A_{PG}(e_N) B_{NG}(ec_N) Z_{ZE} + A_{PG}(e_N) B_{PG}(ec_N) Z_{PG} \quad (V.9)$$
$$= \frac{1}{2}(1+e_N) \cdot \frac{1}{2}(1-ec_N) Z_{ZE} + \frac{1}{2}(1+e_N)$$
$$\cdot \frac{1}{2}(1+ec_N) Z_{PG}$$

Ici, nous utilisons la méthode de linéarisation et des petites variations [MIZ 95]. Nous indiquons la relation entrée-sortie du régulateur flou :

$$Z_{fN} = f(e_N, ec_N, t) \tag{V.10}$$

Au point (Z_{PG} = +1), on a : e_N = +1 et ec_N = +1, comme indiqué dans la figure V.6

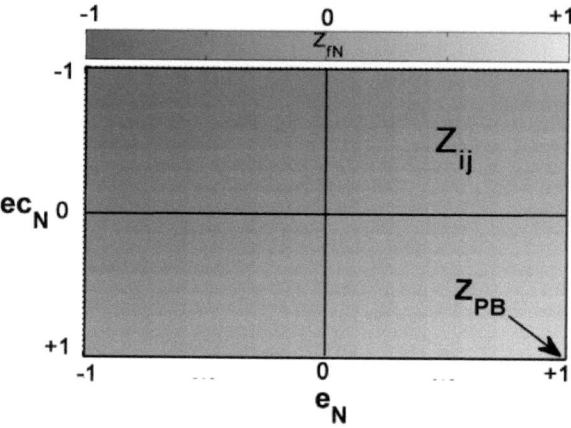

Fig. V. 6 : Plan de (e - ec).

Le signal de commande du régulateur flou de type SPG est

$$Z_{PG} = f(e_N, ec_N, t) \tag{V.11}$$

Nous pouvons donc procéder à une analyse de linéarisation dans n'importe quel point de la zone S (figure V.6). La différence entre ces valeurs nominales (e_N, ce_N et Z_{fN}) peut être définie par

$$\begin{aligned} \delta e_N &= e_N - 1, \\ \delta ec_N &= ec_N - 1, \\ \delta Z_{fN} &= Z_{fN} - Z_{PG}. \end{aligned} \tag{V.12}$$

L'équation (V.9), peut être approximée par les équations linéaires suivantes:

$$\delta Z_{fN} = \left[\frac{\partial f}{\partial e_N}\right]_N \delta e_N + \left[\frac{\partial f}{\partial ec_N}\right]_N \delta ec_N \tag{V.13}$$

Nous considérons la $\delta e_N \leq 0$ et $\delta ec_N \leq 0$
De (V.13), nous avons

$$\left[\frac{\partial f}{\partial e_N}\right]_{(+1,+1)} = \frac{1}{4}(Z_{PG} + ec_{PG}Z_{PG} - Z_{ZE} - ec_{PG}Z_{ZE}) = \frac{1}{2} \tag{V.14}$$

$$\left[\frac{\partial f}{\partial ec_N}\right]_{(+1,+1)} = \frac{1}{4}(Z_{PG} + e_{PG}Z_{PG} - Z_{ZE} - e_{PG}Z_{ZE}) = \frac{1}{2} \quad \text{(V.15)}$$

Où, $Z_{PB}=1$, $Z_{ZE}=0$, $e_{PB}=1$ et $ec_{PB}=1$
En suite,

$$\delta Z_{fN} = \left[\frac{\partial f}{\partial e_N}\right]_{(+1,+1)} \delta e_N + \left[\frac{\partial f}{\partial ec_N}\right]_{(+1,+1)} \delta ec_N$$
$$= \frac{1}{2}\delta e_N + \frac{1}{2}\delta ec_N \quad \text{(V.16)}$$

A savoir

$$Z_{fN} - 1 = \frac{1}{2}(e_N - 1) + \frac{1}{2}(ec_N - 1) \quad \text{(V.17)}$$

Finalement,

$$Z_{fN} = \frac{1}{2}(e_N + ec_N) \quad \text{(V.18)}$$

La surface du régulateur NPD est représentée, comme suit:

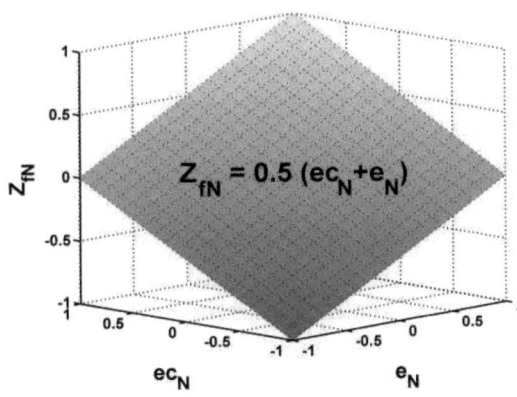

Fig. V. 7: Surface du régulateur NPD.

Le signal de commande (Z_{fN} ou U_{NPDN}) est obtenu sous la forme suivante

$$Z_{fN} \equiv U_{NPD_N} = \frac{1}{2}(K_e e + K_{ec} ec) \quad \text{(V.19)}$$

Finalement,

$$U_{NPD} = \frac{1}{2}\alpha K_e e + \frac{1}{2}\alpha K_{ec} ec \quad \text{(V.20)}$$

Ainsi, les composants du nouveau régulateur NPID sont obtenus comme suit:

➢ Terme proportionnel : $\frac{1}{2}\alpha K_e$

➤ Terme dérivé : $\frac{1}{2}\alpha K_{ec}$

Les paramètres peuvent être calculés en ligne pendant l'ajustement du régulateur pour améliorer les performances du procédé. Le régulateur de NPD sera tout à fait satisfaisant pour les systèmes linéaires du premier ordre.

V.3.3.2 Extension du régulateur NPD:

Dans cette section, nous tenons à conserver les avantages du contrôleur de NPD, nous concluons un autre type de régulation nommé : NPID. Cette idée est obtenue en combinant le terme intégral de la sortie avec lui-même comme il est montré dans la figure V.8.

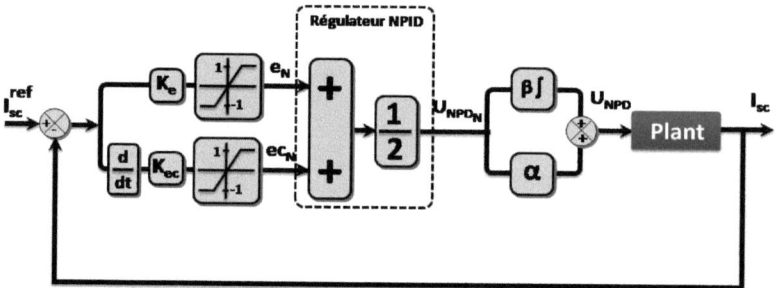

Fig. V. 8 : Schéma de la nouvelle structure du régulateur PID.

Le signal de commande de ce type de régulateur est

$$U_{\text{NPID}}(t) = \alpha U_{NPD_N} + \beta \int U_{NPD_N} dt$$
$$= \alpha \left(\frac{1}{2}(K_e e + K_{ec} ec)\right) + \beta \int \left(\frac{1}{2}(K_e e + K_{ec} ec)\right) dt \quad (V.21)$$
$$= \frac{1}{2}(\alpha K_e + \beta K_{ec}) e + \frac{1}{2}\beta K_e \int e\, dt + \frac{1}{2}\alpha K_{ec}\, ec$$

Ainsi, les commandes équivalentes des composantes du contrôleur NPID sont comme suit:

➤ Terme proportionnel : $\frac{1}{2}(\alpha K_e + \beta K_{ec})$

➤ Terme intégral : $\frac{1}{2}\beta K_e$

➤ Terme dérivé: $\frac{1}{2}\alpha K_{ec}$

Le régulateur NPID est plus pratique que le régulateur NPD, parce que ce dernier, pour les systèmes d'ordre supérieur, donne de mauvaises performances en raison de l'absence de l'opération d'intégration interne.

Les résultats comparatifs pour les différents contrôleurs sont présentés ci-dessous.

V.4 Résultats de simulation et évaluation

Nous allons maintenant reprendre le même schéma de la commande vectorielle sauf que cette fois-ci les régulateurs de courants de BC sont des régulateurs (NPD, NPID, F et PID) (voir la figure V.9).

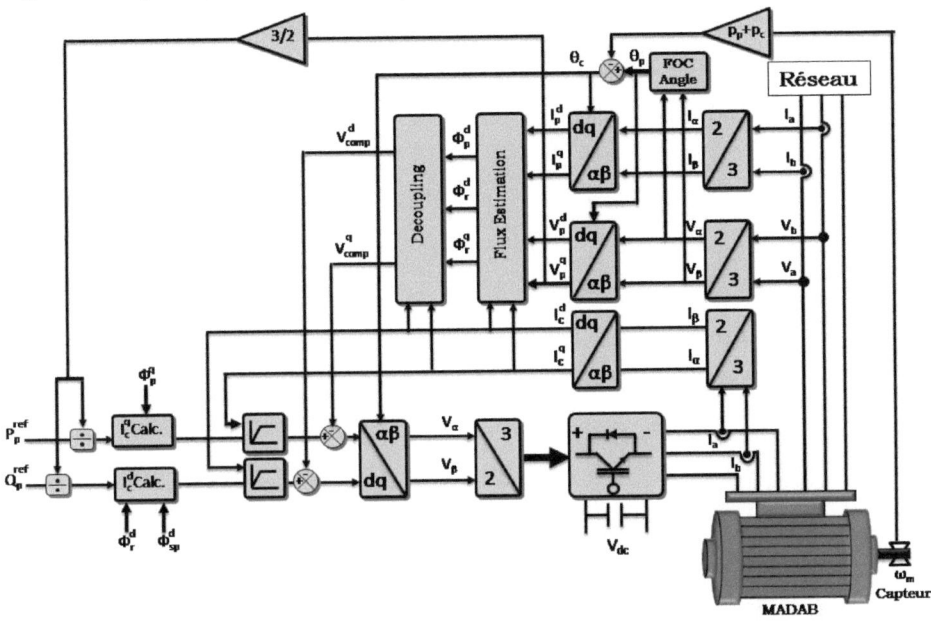

Fig. V. 9 : Schéma bloc global du nouveau régulateur.

Dans cette partie, on va comparer les performances des différents régulateurs cités dans ce chapitre, en utilisant le modèle de la BDFM à flux statorique orienté pour chaque série d'essais (suivi de consigne, sensibilité aux perturbations et robustesse).

La simulation du système (BDFM + régulateur) a été réalisée à l'aide de Matlab/Simulink/ SimPowSystem.

Les quatre régulateurs ont été testés selon la méthode de la régulation indirecte des puissances. Cette méthode permet de contrôler les puissances de la BDFM à partir des courants du bobinage de commande.

V.4.1 Performances des régulateurs
V.4.1.1 Suivi des consignes

Le premier essai consiste à appliquer des échelons de puissances active et réactive avec la vitesse d'entrainement fixe à la valeur de 750 tr/min, et l'échelon de puissance active P_{ref} passe de -1500 à –800 W à t=6.8s et la puissance réactive Q_{ref} égale 0 VAR.

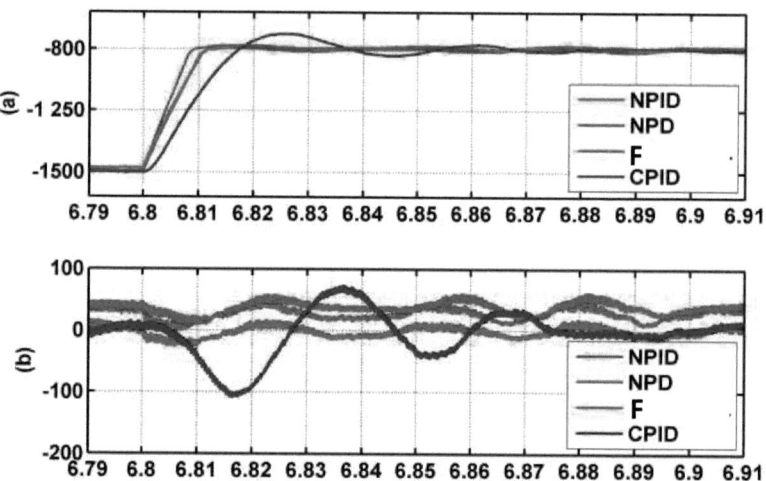

Fig. V. 10 : Suivi de consigne des puissances active et réactive.

La figure IV.10 montre la supériorité du régulateur NPID qui minimise l'amplitude des oscillations et les erreurs statiques. Notons aussi que le régulateur classique PID est très sensible aux variations même faibles des paramètres de réglages. C'est pourquoi, dans le cadre de cet essai les performances des nouveaux régulateurs (NPID et NPD) et flou peuvent être considérées comme équivalentes.

Nous pouvons encore observer la présence d'une erreur statique sur les deux axes pour les régulateurs flou et NPD. Ceci est du au fait de l'absence de l'opération d'intégration interne. Par contre, pour le reste des régulateurs, on ne voit pas d'erreurs statiques à cause de la présence de l'action intégrale.

V.4.1.2 Sensibilité aux perturbations

Cette partie, nous permet de vérifier la sensibilité des régulateurs des puissances lorsque la vitesse de rotation de la BDFM varie lentement de 710 tr/mn à 840 tr/mn tandis que la vitesse de synchronise vaut 750 tr/mn, le consigne de puissance active sera fixé à –1500 W et le consigne de puissance réactive sera fixé à -500 VAR.

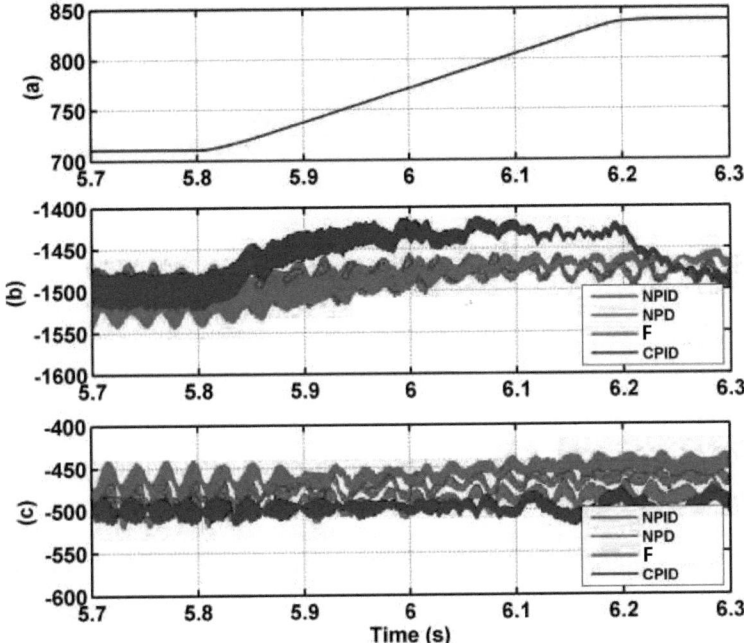

Fig. V. 11: Effet sur les puissances d'une variation de vitesse.

Sur cet essai, les limites des régulateurs flou et PID apparaissent nettement. En revanche, la nouvelle régulation montre un excellent rejet de la perturbation et avec des erreurs statiques presque nulle.

V.4.1.3 Robustesse

L'essai de robustesse consiste à faire varier les paramètres du modèle de la BDFM. En effet, dans un système réel, les paramètres de la BDFM sont soumis à des variations entraînées par différents phénomènes physiques (saturation des inductances, échauffement des résistances, court circuit partial...) [POI 03].

Les conditions de l'essai sont :
- Résistances R_{sp}, R_{sc} et R_r multipliées par 1.25.
- Inductances L_{sp}, L_{sp}, L_r, L_{mp} et L_{mc}, divisées par 1.25
- Machine entraînée à 840 tr/min.

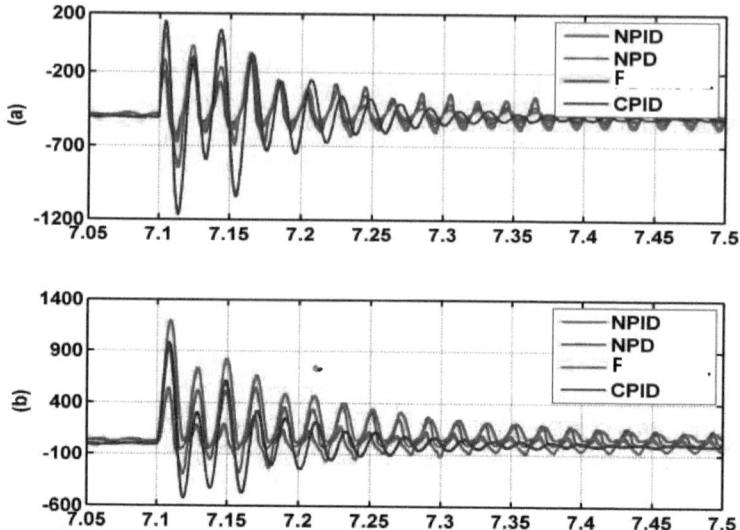

Fig. V. 12 : Effet sur les puissances d'une variation de vitesse.

Les variations des paramètres augmentent nettement l'amplitude des oscillations transitoires dans le cas des régulateurs (PID, Flou et NPD) et l'utilisation du régulateur NPID permet de minimiser ces oscillations et d'obtenir un très bon comportement mêmes dans le cas des variations importantes de paramètres imposées ici.

V.4.2 Performances du système global : Turbine + BDFM + Convertisseur.

Les résultats de simulation de la BDFM intégrée à système de conversion d'énergie éolienne, obtenus sous logiciel de Matlab/Simulink/SimPowSystem sont représentés et expliqués ci-dessous. La puissance active de référence (P_{ref}) de la BDFM est limitée à la valeur de −2.5 kW (le signe négatif signifie une puissance produite), et pour maintenir le facteur de puissance unitaire la puissance réactive de référence est fixée à une valeur nulle $Q_{ref} = 0$.

La figure V.13 représente l'allure du profil du vent.

La vitesse mécanique de l'arbre de la BDFM est représentée par la Fig. V.14. Il est à noter que les vitesses prennent des valeurs inférieures et supérieures à la vitesse nominale, afin de mettre en évidence les deux zones de fonctionnement du système.

Les deux composantes du flux de BP de la machine selon les deux axes d-q sont données par la figure V.15. On remarque que la composante du flux quadratique (ψ_{sp}^{q}) est nulle, et la composante du flux statorique directe (ψ_{sp}^{d}) poursuit sa référence, cela est dû au contrôle par orientation du flux statorique de BP.

La figure V.16a montre l'évolution de la tension et du courant statoriques de la première phase de BP, et les évolutions du courant i_{pa} et de la tension v_{pa} sur 0.1s sont représentées par la figure V.16b. Celles-ci dévoilent que la tension et le courant sont presque déphasés de 180°, c'est-à-dire de signe opposé, ce qui signifie que la puissance produite est de signe négatif.

Le courant et la tension de BC de la BDFM concernant la première phase sont représentés par la figure V.17a. Leurs évolutions entres 5 et 6 s sont illustrées par la figure V.17b.

L'allure du courant rotorique (i_{ar}) obtenue est donnée par la figure V.18. Celui-ci évolue de la même manière que les courants statoriques, néanmoins avec des fréquences différentes.

La figure V.19 représente les allures des puissances statoriques active et réactive produite par BP de la BDFM. La puissance active évolue de la même façon que pour la puissance mécanique tout en présentant des fluctuations. Par contre, La puissance réactive varie légèrement autour de sa valeur de référence imposée nulle afin de maintenir le facteur de puissance côté réseau unitaire.

L'évolution de la tension du bus continu est donnée par la figure V.20, où la tension de référence est égale à 450 V.

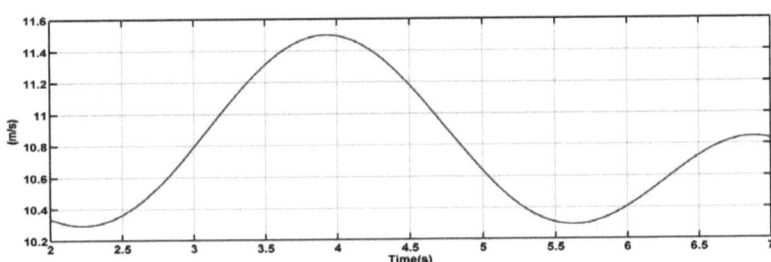

Fig. V. 13 : Vitesse du vent.

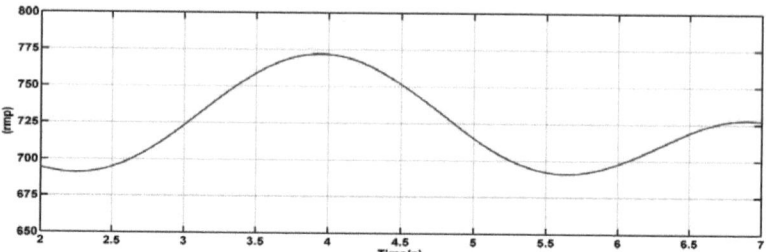

Fig. V. 14 : Vitesse mécanique de la BDFM.

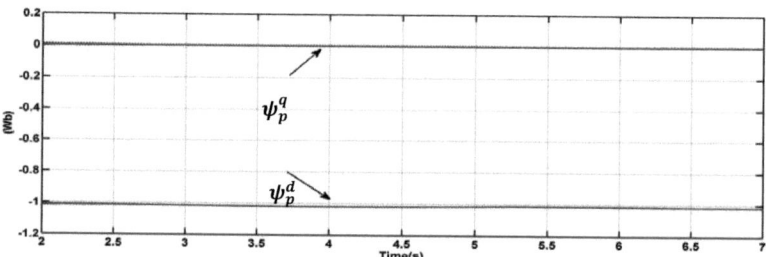

Fig. V. 15 : Flux rotoriques de la BDFM direct et quadratique.

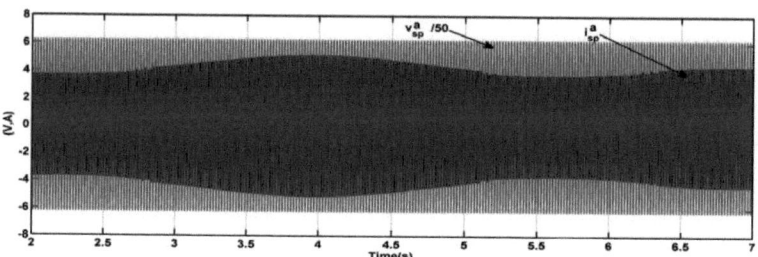

Fig. V. 16a : Tension et courant du BP de la BDFM.

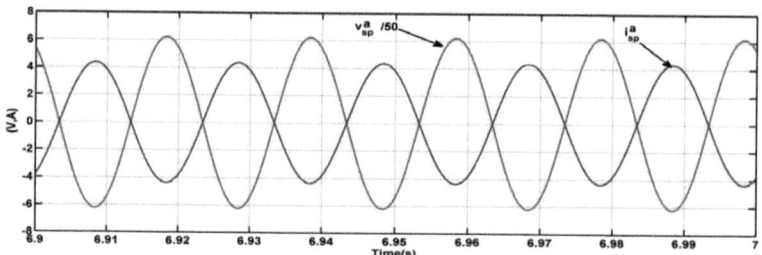

Fig. V. 17b : Zoom de tension et courant du BP de la BDFM.

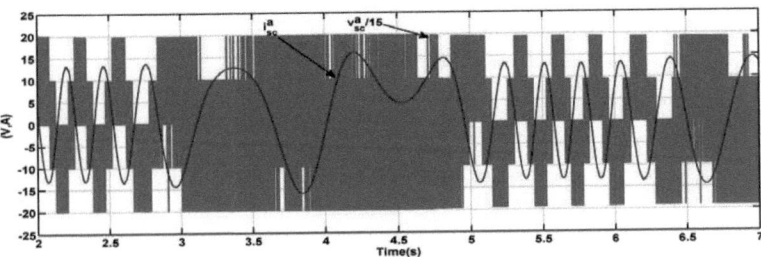

Fig. V. 18a : Tension et courant du BC de la BDFM.

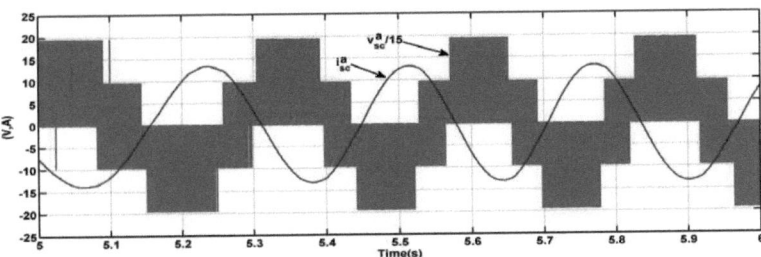

Fig. V. 19b : Zoom de tension et courant du BP de la BDFM.

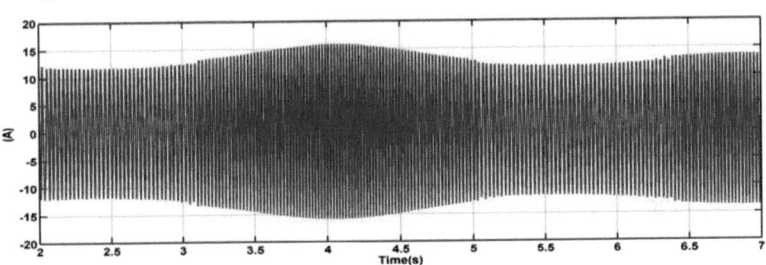

Fig. V. 20 : Courant rotorique de la BDFM

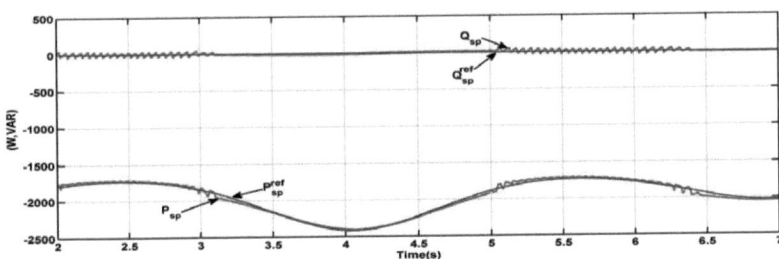

Fig. V. 21 : Puissances statoriques active et réactive de la BDFM.

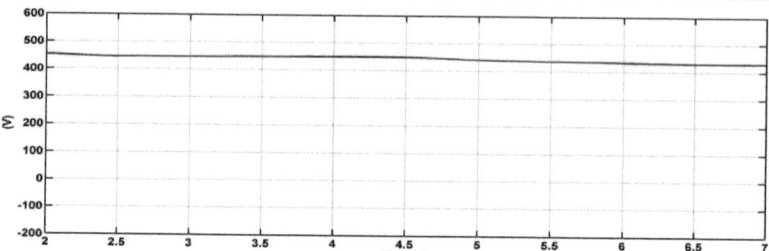

Fig. V. 22 : Tension du bus continu.

V.5 Conclusion

Dans ce chapitre, une nouvelle commande PID (NPID) a été proposée pour commander le système de conversion d'énergie éolienne, constitué d'une machine asynchrone à double alimentation sans balais pilotée par un convertisseur MLI et reliée au réseau via un bus continu.

Dans cette partie, nous avons pu établir la synthèse de quatre régulateurs différentes pour la commande de la BDFM. Un régulateur Proportionnel-Intégral-Dérivation, un régulateur flou, nouveaux régulateurs NPD et NPID. Les différences entre les quatre régulateurs sont peu significatives en ce qui concerne l'amplitude des oscillations transitoires.

Cependant, l'après les résultats obtenus, on peut confirmer que les performances de la nouvelle commande NPID sont brillantes et satisfaisantes.

Conclusion Générale

Le but de cette thèse reste l'exploration des possibilités d'introduction de la BDFM dans des applications éoliennes. Pour cela on a traité les aspects qui englobent le développement d'un tel système : l'état de l'art des systèmes de conversion d'énergie éolienne, la modélisation, la commande vectorielle, le contrôle des puissances actives et réactives et une nouvelle approche de commande PID de la BDFM basée sur la théorie de la logique floue.

Dans le contexte d'énergie éolienne, un état de l'art de ces systèmes est présenté. La production de l'énergie éolienne est de plus en plus importante et alors de nouvelles constructions apparaissent. Cette évolution dynamique est surtout visible dans le domaine du grand éolien grâce au développement de nouvelles technologies telles que les matériaux de construction, l'électronique de puissance et les techniques de commande. Le pouvoir politique est aussi dans une grande partie moteur de développement durable.

Notre étude nous a permis de réaliser une modélisation complète et globale d'un système de conversion d'énergie éolienne. Cette modélisation se démarque principalement par l'approche différente qui a été faite de la partie mécanique qui fait appel aux calculs aérodynamiques pour déterminer les relations liant la vitesse du vent, le couple et la vitesse de l'hélice. Tout cela a été conçu autour d'une BDFM.

Le premier chapitre nous a permis de dresser un panel de solutions électrotechniques possibles pour la production d'énergie électrique grâce à des turbines éoliennes. Après un rappel de notions fondamentales nécessaires à la compréhension du système de conversion, différents types d'éoliennes et leurs modes de fonctionnement ont été décrits. Et par la suite, une présentation des machines électriques et leurs convertisseurs associés, adaptables à un système éolien a été faite. Trois grandes familles de machines sont présentées : les machines asynchrones, les machines synchrones et les machines à structure spéciale.

On a conclu que la machines asynchrones à double alimentation sans balais regroupe les avantages de la machine asynchrone à cage et de la machine asynchrone à double alimentation ; de même qu'elle présente un bon compromis entre la plage de variation de vitesse qu'elle autorise et la taille du convertisseur par rapport à la puissance nominale de la machine.

Dans le deuxième chapitre, nous avons décrit les trois parties essentielles du système de conversion éolienne. La première, qui représente la partie mécanique contient la turbine, le multiplicateur et l'arbre. Nous avons ensuite établi les modèles de ces derniers. Après cela, nous avons construit un dispositif de commande de l'ensemble afin de faire fonctionner l'éolienne de manière à extraire le maximum de puissance de l'énergie du vent. Dans la deuxième partie de ce chapitre, nous avons étudié la modélisation de la machine asynchrone à double alimentation, sans balais. En se basant sur quelques hypothèses simplificatrices. Nous avons constaté que le modèle de la BDFM est un système à équations différentielles dont les coefficients sont des fonctions périodiques du temps, et où la transformation de Park nous a permis de les simplifier. Ainsi, la modélisation et les résultats de simulation de la BDFM ont été présentés et discutés.

Dans la troisième partie, nous avons présenté le modèle de l'onduleur et son principe de fonctionnement, de même que la technique de commande MLI. Nous avons étudié et appliqué la commande vectorielle de la BDFM pour un fonctionnement en générateur pour une vitesse de rotation quelconque.

A partir de la simulation numérique, on a constaté qu'effectivement la technique d'orientation du flux statorique permet de découpler le flux et les puissances de sorte que la composante directe du courant statorique de la machine de commande contrôle la puissance active, et la composante en quadrature contrôle la puissance réactive. Ceci nous a permis d'obtenir des performances dynamiques élevées similaires à celle de la MCC.

A la fin de ce chapitre nous avons présenté les résultats de simulation de la BDFM associé à un système de conversion d'énergie et d'un convertisseur statorique. Ce dernier a permis d'effectuer une simulation dans des conditions proches de celles d'un système éolien réel.

Dans le quatrième chapitre, nous avons modélisé et commandé le système de conversion, constitué d'une machine asynchrone à double alimentation sans balais pilotée par un convertisseur MLI relié au réseau.

Dans cette partie, nous avons pu établir la synthèse de quatre régulateurs conventionnels de philosophies différentes pour la commande de la BDFM. Un régulateur Proportionnel-Intégral, un régulateur flou, un régulateur hybride de la logique floue plus intégrateur et/ou dérivateur. Les différences entre les quatre régulateurs sont peu significatives en ce qui concerne le l'amplitude de oscillations transitoires. La commande hybride (logique floue + Intégrateur) a montré une insensibilité à l'échelon de vitesse imposé à la machine.

En termes de résultats obtenus, on peut confirmer théoriquement que les performances de la commande par l'hybridation de la logique floue et de l'intégrateur sont satisfaisantes et la régulation des puissances transitées est acceptable. Cependant, en pratique, la commande et le réglage par logique floue peuvent être relativement longs. Il s'agit parfois beaucoup plus de temps de calcul ce qui va impliquer un ordinateur puissant c.à.d l'augmentation le coût du système.

Pour alléger ce problème, nous avons proposé, dans le dernier chapitre, une nouvelle approche de commande PID (NPID) de la BDFM. Une présentation détaillée de cette méthode a été affichée

Dans cette partie, nous avons pu établir la synthèse de quatre régulateurs différents pour la commande de la BDFM. Un régulateur Proportionnel-Intégral-Dérivation, un régulateur flou, un nouveau régulateur NPD et NPID. Les différences entre les quatre régulateurs sont peu significatives en ce qui concerne l'amplitude des oscillations transitoires.

D'après les résultats obtenus, on peut confirmer que les performances de la nouvelle approche de commande sont satisfaisantes et la régulation des puissances transitées acceptable.

D'après les résultats obtenus et des observations enregistrées, des perspectives de recherche et de réalisations pratiques intéressantes pouvant contribuées à mieux exploiter la machine sont envisageables :

Recommandations de Travaux Futurs

Les systèmes éoliens basé sur la BDFM, c'est un axe de recherche assez motivant pour les fabricants de systèmes éoliens qui actuellement utilisent la MADA.

Les travaux futurs doivent se diriger vers :

1) l'étude approfondie sur la modélisation de la BDFM en tenant compte des pertes de fer ;
2) L'élimination des harmoniques de courant injectés au réseau ;
3) Développement d'algorithmes hors ligne d'identification de paramètres ;
4) l'Augmentation de l'insensibilité de la commande face aux incertitudes des paramètres de la machine ;
5) l'étude de la stabilité du nouveau approche de commande NPID.

Tout ceci montre que la thématique de la génération d'énergie électrique de l'éolienne est ouverte et offre de nombreux sujets de recherche pour l'avenir.

Travaux Cités

[ABB 06] M. ABBAS, M. MECHENTEL « Modélisation et Commande d'une MADA Alimentée Par une Cascade à Trois Nivaux Application à l'Energie Eolienne » Thèse D'Ingénieur d'Etat, ENP, El-Harrach, Algérie, 2006.

[ABD 97] R. Abdessemed, M. Kadjoudj, "Modélisation des machines électriques, Presses de l'Université de Batna, Algérie, 1997.

[ABD 07] A. ABDELLI « Optimisation multicritère d'une chaîne éolienne passive » Thèse de doctorat, INPT, France, 2007.

[ABD 08a] L. Abdelhamid « Contribution à l'Etude des Performances des Générateurs Electromagnétiques Utilisés dans les Systèmes Eoliens » These de magister, Université de Batna, 2008.

[ABD 08b] E. Abdi, X. Wang, S. Shao, R. McMahon and P. Tavner "Performance Characterisation of Brushless Doubly-Fed Generator", 2008.

[ADA 07] M. Adamowicz, R.Strzelecki and D. Wojciechowski " Steady State Analysis of Twin Stator Cascaded Doubly Fed Induction Generator" CPE 2007. P 5.

[ADA 08] M. Adamowicz and R. Strzelecki "Cascaded Doubly Fed Induction Generator for Mini and Micro Power Plants Connected to Grid" EPE-PEMC, 2008, p 1729-1733.

[ADA 09] M. Adamowicz and R. Strzelecki "Cascaded Doubly Fed Induction Generator with a Back-to-Back Converter Connected to a Small Distributed Generation System"EVER MONACO, MAR 2009.

[ACH 07] R. ACHOURI, M. HIDOUCHE "Commande Vectorielle de la Machine Asynchrone » » Thèse D'Ingénieur d'Etat, ENP d'Alger, 2007.

[AMI 08] H. AMIMEUR Contribution à la Commande d'une Machine Asynchrone Double Etoile par Mode de Glissement » Thèse de magister, Université de Batna, 2008.

[ASS 09] Site Internet « fee.asso.fr » 2009

[BAS 03] D. Basic, J. G. Zhu and G. Boardman "Transient Performance Study of a Brushless Doubly Fed Twin Stator Induction Generator"IEEE. Tra Ene Con. Vol. 18, No. Sep 2003. P 400-408.

[BEL 07] CH. BELFEDAL « Commande d'une machine asynchrone à double alimentation en vue de son application dans le domaine de l'énergie éolienne étude et expérimentation » Thèse de doctorat, Université d'Oran, 2007.

[BOA 01] G. Boardman, J. G. Zhu, and Q.P. Ha "Dynamic and Steady State Modeling of Brushless Doubly Fed Induction Machines" ICEMS, Elec. Mach. Syst. Vol. 01,2001, P 412-416.

[BOA --] G. Boardman, J. G. Zhu, and Q.P. Ha "General Reference Frame Modeling of the Doubly Fed Twin Stator Induction Machine Using Space Vectors"

[BOY 06] A. BOYETTE « Contrôle commande d'un générateur asynchrone à double alimentation avec système de stockage pour la production éolienne » Thèse de doctorat, GREE de Nancy, 2006.

[BOU 99] N. BOUBACAR « Conception technico-économique d'un système de pompage autonome photovoltaïque aérogénérateur » Thèse de doctorat, Université de Montréal, 1999.

[BOU 00] M.L DOUMBIA « Outil D'aide à la conception des systèmes d'entrainement de machine électrique : exemple d'application » Thèse de doctorat, Université de Montréal, 2000.

[BRE 94] T. Brehm and K. Rattan "The Classical Controller A Special Case of the Fuzzy Logic Controller" Proceedings of the 33rd Conference on Decision and Control FP-15 4:30 Lake Buena Vista, FL - December 1994.

[CAO 97] M. TA CAO « COMMANDE NUMÉRIQUE DE MACHINES ASYNCHRONES PAR LOGIQUE FLOUE » Université Laval, Ph.D, 1997.

[CHI 01] N.Chilakapati, V.S.Ramsden and V. Ramaswamy "Performance evaluation of doubly fed twin stator induction machine drive with voltage and current space vector control schemes" IEE. Proc. Electr. Power., Vol. 148, No. 3, May 2001. P 287-292

[CAM 03] H. CAMBLONG « Minimisation de l'impact des perturbations d'origine éolienne dans la génération d'électricité par des aérogénérateurs a vitesse variable » thèse de doctorat, ÉNSAM France, 2003.

[DAI 07] Y. DAILI »Contrôle de la fréquence de commutation des hystérésis utilisés dans les commandes d'une machine à induction » Thèse de Magister, Université de BATNA, 2007.

[DEY 13] C. Dey, R. K. Mudi "Dharmana SimhachalamA simple nonlinear PD controller for Integrating processes » ISA Transactions, 2013.

[ELA 04] S. EL AIMANI « Modélisation De Différentes Technologies D'éoliennes Intégrées Dans Un Réseau De Moyenne Tension » Thèse de doctorat, Université De Lille, 2004.

[ELB 09] Y. ELBIA « Commande Floue Optimisée d'une Machine Asynchrone à Double Alimentation et à Flux Orienté » Thèse de Magister, Université de BATNA, 2009.

[FEN 06] G. Feng "A Survey on Analysis and Design of Model-Based Fuzzy Control Systems" IEEE TRANSACTIONS ON FUZZY SYSTEMS, VOL. 14, NO. 5, OCTOBER 2006.

[GAI 10] A. GAILLARD, « Système éolien basé sur une MADA - contribution à l'étude de la qualité de l'énergie électrique et de la continuité de service » Thèse de doctorat à l'Univ. Henri Poincaré, Nancy-I, 30 avril 2010.

[GOR 96] B.V. God, G.C. Alexander, R. Se, A.K. Wallace "A Fuzzy Controller for Terminal Quantity Regulation in a Doubly-Fed, Stand-alone Generator System" 1996 IEEE

[HAM 04] A. Hamadi « Amélioration des performances du filtre actif application du régulateur proportionnel intégral et du régulateur flou » MONTRÉAL, LE 30 NOVEMBRE 2004.

[HAM 03] L. HAMANE »les ressources éoliennes de l'algérie » Bul. Ene. Ren, CDER, N°3, juin 2003. P 10-11.

[HAM 08] I. HAMZAOUI « Modélisation de la machine asynchrone à double alimentation en vue de son utilisation comme aérogénérateur » Thèse de Magister, ENP d'Alger, 2008.

[HAY 99] K. Hayashi, A. Otsubo, S.Murakami and M. Maeda "Realization of nonlinear and linear PID controls using simplified indirect fuzzy inference method" Fuzzy Sets and Systems 105 (1999) 409~,14

[HOP 99] B.Hopfensperger, D.J.Atkinson and R.A.Lakin " Stator flux oriented control of a cascaded doubly-fed induction machine"IEE Proc. Electr. Power Appl. Vol. 146, No. Nov 1999. P 597-605.

[HOP 00] B. Hopfensperger, D. J. Atkinson and R. A. Lakin "the application of field oriented control to a cascaded doubly-fed induction Machine" IEE, Powe. Elec. Vari. Spee. Driv, No 475, 2000, P 262-267.

[HOP 01] B.Hopfensperger, D.J.Atkinson and R.A.Lakin "Combined magnetising flux oriented control of the cascaded doubly-fed induction machine" IEE Proc, Elec Appl, Vol. 148, No, 4 July 2001, p 354-362.

[HOP-01] B. Hopfensperger, D.J. Atkinson, "Doubly-fed a.c. machines : classifications and comparaison", EPE conference 2001-Gratz, DS 3.4-2.

[JAL 09] F. Jallali and A. Masmoudi "Investigation of the Transient Behavior of Brushless Cascaded Doubly Fed Machines" EVER MONACO, Mar 2009, p 6.

[JOU 07] M. JOURIEH »Développement d'un modèle représentatif d'une éolienne afin d'étudier l'implantation de plusieurs machines sur un parc éolien » Thèse de doctorat, ENSAM de France, 2007.

[KAT 01] S. Kato, N. Hoshi and K. Oguchi "A Low-Cost System of Variable-Speed Cascaded Induction Generators for Small-Scale Hydroelectricity »IEEE, Ind. Appl. Vol.2, 2001, P 1419-1425.

[KAT 03] S. Kato, N. Hoshi and k. Oguchi, "Proposed adjustable-speed cascaded induction generators that will meet industrial and environmental needs" IEEE. Ind. Appl. Jul. 2003. Vol. 9, 2003, P 32-38.

[KHO 06] S. KHOJET EL KHIL »Commande Vectorielle d'une Machine Asynchrone Doublement Alimentée (MADA) » Thèse de Doctorat, INPT de France et ENI de Tunis, 2006.

[LAV 05] N. LAVERDURE « Sur l'intégration des générateurs éoliens dans les réseaux faibles ou insulaires » Thèses de Doctorat, ENS de Cachan, 2005.

[LEC 04] L. LECLERCQ « Apport du stockage inertiel associé à des éoliennes dans un réseau électrique en vue d'assurer des services systèmes » Thèse de doctorat, LEEP de Lille, 2004.

[LEE 11] C. C. LEE "Fuzzy Logic in Control Systems Fuzzy Logic Controller, Part I" IIXr TRANSACTIONS ON SYSTTMS. MAN, ANI) C'YI3TRYTTIC'S. VOI.. 20. NO. 2. MAKC'kl/APKII. 1990.

[LEE 90] C. C. LEE "Fuzzy Logic in Control Systems Fuzzy Logic Controller, Part I", IIXr TRANSACTIONS ON SYSTTMS. MAN, ANI) C'YI3TRYTTIC'S. VOI.. 20. NO. 2. MAKC'kl/APKII. 1990.

[LI 89] Wei Li "Design of a Hybrid Fuzzy Logic Proportional Plus Conventional Integral-Derivative Controller" IEEE TRANSACTIONS ON FUZZY SYSTEMS, VOL. 6, NO. 4, NOVEMBER 1998.

[LI 95] Han-Xiong Li and H. B. Gatland "A new methodology for designing a fuzzy logic controller" IEEE TRANSACTIONS ON SYSTEMS, MAN, AND CYBERNETICS, VOL. 25, NO. 3, MARCH 1995

[LI 01] Q. Li and Z. P. Pan "the modeling and simulation of brushless doubly fed generator of wind power generation system" IEEE. Pow. Elec. Driv. Sys. Vol.2, 2001. P 811-814.

[LIN 03] M.LINDHOLM » Doubly Fed Drives for Variable Speed Wind Turbines Speed Wind Turbines" PHD, University of Denmark, 2003.

[LOP 06] M. LOPEZ « contribution a l'optimisation d'un système de conversion éolien pour une unité de production isolée » Thèse de Doctorat, Ecole Doctorale STITS, 2006.

[MEK 04] N. MEKKAOUI »Contribution à la Modélisation et à la Commande d'une Mini-Centrale Eolienne à Base de Machines à Induction Simple et Double Alimentée » Thèse de Magister, Université de BATNA, 2004.

[MER 07] F. MERRAHI »Alimentation et Commande d'une Machine Asynchrone à Double Alimentation _ Application à l'énergie éolienne_ » Thèse de Magister, ENP d'Alger, 2007.

[MER 08] N. K. Merzouk « Quel avenir pour l'Énergie Éolienne en Algérie ?, » Bul. Ene. Ren, CDER, N°14, Dec 2008, p.6-7

[MIC 95] E. W. Michael S. B. Alan and K. Wallace, "Electromagnetic Mechanism of Synchronous Operation of the Brushless Doubly-Fed Machine", 1995.

[MIR 05] A. MIRECKI »Etude comparative de chaînes de conversion d'énergie dédiées à une éolienne de petite puissance » Thèse de Doctorat, INPT de France, 2005.

[MIZ 95] M. Mizumoto "Fuzzy controls by product sum grayity method dealing with fuzzy rules of emphatic and suppressive types" Jour. IJUFKBS, Vol. 2, No. 3 pp. 305-319. 1994.

[MIZ 95] M. Mizumoto "Realization of PID controls by fuzzy control methods" Fuzzy Sets and Systems 70 (1995) 171-182.

[MIZ 96] M. Mizumoto "Product-sum-gravity method=fuzzy singleton-type reasoning method=simplified fuzzy reasoning method" Proceedings of the Fifth IEEE Fuzzy Systems, 1996.

[PAN 12] S. Panda, B.K. Sahu, P.K. Mohanty "Design and performance analysis of PID controller for an automatic regulator system using simplified particle swarm optimization" Journal of the Franklin Institute 349 (2012) 2609–2625.

[ORT 84] H. Ortmeyer and U. Borger "Control Of Cascaded Doubly Fed Machines For Generator Applications" IEEE Tra Pow Sys, Vol. PAS-103, No. Sep 1984, p 2564-2571.

[PAT 05] N. Patin, E. Monmasson and J.P. Louis « Analysis and control of a cascaded doubly-fed induction generator", IECON, 2005, P 2487-2492.

[PAT 06] N. Patin « analyse d'architecture, modélisation et commande de générateurs pour réseaux autonomes et puissants » These de doctorat, Univ Cachan. 2006.

[PAT 09] N. Patin, E. Monmasson and J.P. Louis "Modeling and Control of a Cascaded Doubly Fed Induction Generator Dedicated to Isolated Grids" IEEE Tra Ind Ele, Vol. 56, No. 10, Oct 2009. P 4207-4219.

[PET 03] A. PETERSSON "analysis, modeling and control of doubly fed induction generators for wind turbines" PHD, University of CHALMERS, 2003.

[POI 03] F. PITIERS »Etude Et Commande De Génératrices Asynchrones Pour L'utilisation De L'énergie Eolienne » Thèse de doctorat, Université de NANTES, 2003.

[POZ 03] F. J. POZA LOBO « Modélisation, conception et commande d'une machine asynchrone sans balais doublement alimentée pour la génération à vitesse variable » These de Doctorant. Ins Nat. Poly Grenoble. 2003.

[POZ 06] J. Poza, E. Oyarbide, D. Roye and M. Rodriguez "Unified reference frame dq model of the brushless doubly fed machine" IEE Proc. Elec. Powe. Appl, Vol. 153, No. Sem 2006. P 726-734.

[PRO 09] K. Protsenko and D. Xu "Modeling and Control of Brushless Doubly-Fed Induction Generators in Wind Energy Applications" IEEE Tra, Pow, Ele, Vol, 23, No. 3, May 2008, p 1191-1197.

[QIA 96] W. Z. Qiao et M. Mizumoto "PID type fuzzy controller and parameters adaptive method" Fuzzy Sets and Systems 78 (1996) 23-35

[ROB 04] Paul C. Roberts "A Study of Brushless Doubly-Fed Induction Machines" university of combridge, doctorat PHD, 2004.

[RUN 06] F. Runcos, R. Carlson, N. Sadowski, P. Kuo-Peng, H. Voltolini "performance and Vibration Analysis of a 75 kW Brushless Double Fed Induction Generator Prototype" IAS, Vol. 5, 2006, P 2395-2402.

[SAR 08] I. SARASOLA ALTUNA « Control robusto de una máquina de inducción doblemente alimentada por el estator en aplicaciones de generación de energía a velocidad variable » Tesis Doctoral en el programa de Doctorado en AUTOMÁTICA Y ELECTRÓNICA

[SMI 66] B. H. Smith "Theory and Performance of a Twin Stator Induction Machine" IEEE. Tra Pow. App. Sys., Vol. PAS-85, No 2. Feb 1966. P 123-131.

[SHA 09] S. Shao, E. Abdi, F. Barati and R. McMahon "Stator-Flux-Oriented Vector Control for Brushless Doubly Fed Induction Generator" IEEE TRANSACTIONS ON INDUSTRIAL ELECTRONICS, VOL. 56, NO. 10, OCTOBER 2009.

[SON 01] B. Songjiang, H. Yikang and Z. Hui "Modeling and operation analysis of the cascaded brushless doubly fed machine" ICEMS, Vol. 2, 2001, P 942-945.

[THE 09] C. THÉORÊT «Elaboration d'un logiciel d'enseigement et d'application de la logique floue dans un contexte d'automate programmable » M.ing, MONTRÉAL, LE 16 AVRIL 2009.

[TIR 10] Z. TIR « contribution à l'étude d'un aerogenerateur asynchrone » thèse de magistère, univ. Setif, 2010.

[TIR 13a] Z. Tir and R. Abdessemed "Hybrid Fuzzy Logic Proportional Plus Conventional Integrator Controller Of A Novel BDFIG For Wind Energy Conversion" Acta Electrotechnica et Informatica, Vol. 13, No. 2, 2013, 65–72, DOI: 10.2478/aeei-2013-0030.

[TIR 13b] Z. Tir and R. Abdessemed "Hybrid Fuzzy Logic Proportional Plus Conventional Integrator-Derivation Controller Of A Novel BDFIG For Wind Energy Conversion" JEE, Vol. 14, N°1, 2014.

[VID 04] P.E. VIDAL « Commande non linéaire d'une machine asynchrone a double alimentation » Thèse de doctorat, INP de TOULOUSE, 2004.

[Yao 08] L. Yao, K. J. Bradley, P. Sewell, D. Gerada "Cascaded Doubly Fed Induction Machine System Modelling Based on Dynamic Reluctance Mesh Modelling Method" ICEM, 2008, ID 993, p 1-5.

[ZAD 65] L. A. Zadeh "Fuzzy Sets" info. And Cont. vol. 8, pp. 338-353 (1965).

[WWE 12] WWEA « Rapport Mondial sur l'Energie Eolienne 2008 », Fev 2009, Allemagne, p.17

[WAN 06] Q. Wang, X. Chen, Y. Ji "Fuzzy-based Active and Reactive Control for Brushless Doubly-fed Wind Power Generation System" 2006.

[WAN 11] S. C. Wang and Y.H. Liu, "A Modified PI-Like Fuzzy Logic Controller for Switched Reluctance Motor Drives" IEEE TRANSACTIONS ON INDUSTRIAL ELECTRONICS, VOL. 58, NO. 5, MAY 2011.

[WAL 90] A. k. Wallace, R. Spee and H. k. Lauw "The potential of brushless doubly-fed machines for adjustable speed drives" IEEE. 1990. P 46-50.

[WIL 97a] S. Williamson, A.C. Ferreira, A.K. Wallace, "Generalised theory of the brushless doubly-fed machine. Part 1: Analysis", *IEE Proc.-Electr. Power Appl., Vol.144, No. 2, March 1997, pp. 111-122.*

[WIL 97b] S. Williamson, A.C. Ferreira, "Generalised theory of the brushless doublyfed machine. Part 2: Model verification and performance", IEE Proc.-Electr. PowerAppl., Vol. 144, No. 2, March 1997, pp. 123-129.

Annexe (A) : Calcul d'un régulateur PI avec compensation

Dans cette annexe nous développons une autre conception du régulateur PI basée sur la compensation de la constante de temps de ce dernier avec celle du processus de la grandeur à réguler (figure B.1).

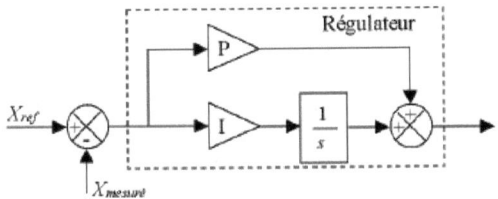

Fig. B.1 : Schéma bloc du correcteur PI avec compensation de la constante de temps

La forme du correcteur est la suivante

$$C(s) = P + \frac{I}{s}$$

Avec : P : le gain proportionnel du régulateur.
I : le gain intégral du régulateur. Pour une fonction de transfert d'un processus associée à ce correcteur :

$$H(s) = \frac{K}{1 + \tau \cdot s}$$

La fonction de transfert en boucle ouverte s'écrit :

$$H_{bo}(s) = \frac{K\left(P + \frac{I}{s}\right)}{1 + \tau \cdot s} = \frac{K(P \cdot s + I)}{s \cdot (1 + \tau \cdot s)} = IK \cdot \frac{1 + \frac{P \cdot s}{I}}{s \cdot (1 + \tau \cdot s)}$$

Si on pose $\frac{P}{I} = \tau$ Alors

$$H_{bo}(s) = \frac{I \cdot K}{s}$$

La fonction de transfert en boucle fermés s'écrit :

$$H_{bf}(s) = \frac{I \cdot K}{I \cdot K + s} = \frac{1}{1 + \frac{1}{I \cdot K} \cdot s}$$

Le temps de réponse t_r du système bouclé pour atteindre 95% de la consigne vaut :

$$t_r = 3 \cdot \frac{1}{I \cdot K}$$

Or,

Alors
$$I = \frac{P}{\tau}$$

D'où
$$t_r = 3 \cdot \frac{\tau}{P \cdot K}$$

$$P = \frac{3 \cdot \tau}{t_r \cdot K} \qquad I = \frac{3}{t_r \cdot K}$$

Annexe (B) : Paramètre de la commande vectorielle

Paramètres	Valeurs
Sigma 1	0.8424
Sigma 2	3.6372
Sigma 3	0.049
Sigma 4	11.7028
Sigma 5	5.9278
Constant de temps	0.0001
Gain proportionnel	1.8693
Gain intégral	60.4005

Annexe (C) : Paramètres de la partie mecanique

Paramètre de la turbine	
Rayon (m)	2.3
Masse volumique de l'air à 15 °C (Kg/m2)	1.25
Inertie	315
Ration optimale de la vitesse	9.14
Paramètre du multiplicateur de vitesse	
Gain	18

Oui, je veux morebooks!

I want morebooks!

Buy your books fast and straightforward online - at one of the world's fastest growing online book stores! Environmentally sound due to Print-on-Demand technologies.

Buy your books online at
www.get-morebooks.com

Achetez vos livres en ligne, vite et bien, sur l'une des librairies en ligne les plus performantes au monde!
En protégeant nos ressources et notre environnement grâce à l'impression à la demande.

La librairie en ligne pour acheter plus vite
www.morebooks.fr

OmniScriptum Marketing DEU GmbH
Heinrich-Böcking-Str. 6-8
D - 66121 Saarbrücken

Telefax: +49 681 93 81 567-9

info@omniscriptum.de
www.omniscriptum.de

Printed by Books on Demand GmbH, Norderstedt / Germany